Stable Diffusion
AI绘画与部署实战案例

无界AI ⊕ Liblib AI ⊕ 吐司AI ⊕
触手AI ⊕ 神采Prome AI ⊕ 堆友AI

雷波◎编著

化学工业出版社

·北京·

内 容 简 介

本书是一本深度剖析当代AI绘画前沿技术与创新实践的应用指南。首先简单介绍AI绘画炙手可热的平台——Stable Diffusion，从操作使用方法及如何用云电脑部署Stable Diffusion进行了讲解。考虑到流畅运行Stable Diffusion需要较高的电脑配置，因此本书详细讲解了无界、Liblib、吐司、触手、神采Prome、堆友这六大可在云端运行的AI绘画平台的特色功能与操作方法。全书内容结构严谨，细致呈现每个平台的界面布局、功能模块、操作流程及关键参数设置，辅以大量实例演示，引导读者从熟悉界面到精通各类创作模式。无界的本土化设计与丰富模型库，Liblib的模型资源分享与在线生图功能，吐司的创新交互体验，触手的专业级插画与漫画辅助工具，神采的独特艺术风格诠释，以及堆友的一键生成与多元化风格选项，均以图文并茂的方式逐一详解。

无论是对AI绘画跃跃欲试的新手，还是寻求提升技艺的专业人士，抑或是关注技术与艺术融合趋势的研究者，都能从本书中收获宝贵的知识与实践经验。

图书在版编目(CIP)数据

Stable Diffusion AI绘画与部署实战案例：无界AI+Liblib AI+吐司AI+触手AI+神采Prome AI+堆友AI / 雷波编著. -- 北京：化学工业出版社，2025.5. -- ISBN 978-7-122-47705-7

Ⅰ. TP391.413

中国国家版本馆CIP数据核字第2025VD0909号

责任编辑：吴思璇　李　辰　　　　　　装帧设计：异一设计
责任校对：边　涛

出版发行：化学工业出版社（北京市东城区青年湖南街13号　邮政编码100011）
印　　装：河北尚唐印刷包装有限公司
710mm×1000mm 1/16　印张14¼　字数312千字　2025年9月北京第1版第1次印刷

购书咨询：010-64518888　　　　　　售后服务：010-64518899
网　　址：http://www.cip.com.cn
凡购买本书，如有缺损质量问题，本社销售中心负责调换。

定　　价：98.00元　　　　　　　　　　　　　　版权所有　违者必究

前 言

在科技与艺术交汇的时代洪流中，人工智能以其无可比拟的创新力与颠覆性，正以前所未有的深度与广度深刻地改写着艺术创作的版图。近年来，生成式 AI 技术，特别是基于深度学习的图像生成算法，如 Stable Diffusion、DALL·E 系列等，实现了从文本到图像的精准映射，使"言之有物"转变为"画由心生"。AI 绘画不仅简化了传统绘画过程中的复杂技艺，更打破了时空、经验与想象力的局限，使得任何具备语言表达能力的个体都能轻松实现心中所想的画面。本书正是在这样的大背景下应运而生，首先简单介绍了 AI 绘画炙手可热的平台——Stable Diffusion，内容覆盖操作使用方法，以及如何用云电脑部署 Stable Diffusion 等各项基础理论知识。

考虑到流畅运行 Stable Diffusion 需要较高的电脑配置，因此本书详细讲解了无界、Liblib、吐司、触手、神采 Prome、堆友这六大可在云端运行的 AI 绘画平台的特色功能与操作方法。这六大 AI 绘画平台更注重创作者使用体验的本土化设计，提供简体中文界面、符合国内创作者习惯的操作流程、丰富的模板库和针对性的教程指导，使得零基础创作者也能快速上手。并且这六大 AI 绘画平台各自在技术实现、使用界面、功能特性、社区生态等方面展现出鲜明的个性与优势，有些在 Stable Diffusion 中需要执行复杂操作才能够获得的效果，在这六大平台上只需要轻松一点，即可实现。无论是在学习的难易度，还是效果的丰富度方面，对希望掌握 AI 绘画技术的初学者来说，都是非常好的选择。

本书力求兼顾理论与实践，既深入剖析 AI 绘画技术的原理，又详尽阐述各平台的具体操作方法，对无界、Liblib、吐司、触手、神采 Prome、堆友这六大 AI 绘画平台依次进行了理论和实践讲解。并且遵循创作者的视角，细致描绘每个平台的界面布局、功能模块、操作流程及关键参数设置，力求读者在阅读过程中如同亲临其境，能够迅速熟悉并掌握各个平台的使用技巧。

书中辅以大量实例演示，这些实例不仅是对平台功能的直观展示，更是启发思维、拓宽创作思路的鲜活教材。我们鼓励读者跟随实例动手实践，通过实际操作加深对 AI 绘画技术的理解，逐步提升自身在 AI 辅助下的艺术创作能力。

特别提示：本书在编写过程中，参考并使用了六大 AI 绘画平台当时最新的界面截图及功能作为实例进行编写。然而，由于从书籍的编撰、审阅到最终出版存在一定的周期，AI 绘画平台可能会进行版本更新或功能迭代，因此实际用户界面及部分功能可能与书中所示有所不同。提醒各位读者在阅读和学习过程中，要根据书中的基本思路和原理，结合当前所使用的 AI 工具的实际界面和功能进行灵活变通和应用。

为了方便获取本书配套资源、交流与沟通，欢迎读者朋友添加我们的客服微信 hjysysp。

如果希望每日接收新鲜、实用的 AI 资讯，可以关注我们的微信公众号"好机友摄影视频拍摄与 AIGC"。

编著者

目　　录
CONTENTS

第 1 章 掌握 Stable Diffusion 安装步骤及文生图操作方法

认识Stable Diffusion 2
  Stable Diffusion 简介 2
  Stable Diffusion 配置要求 2
  Stable Diffusion整合包的安装 3
  Stable Diffusion WebUI页面布局 5
青椒云远程服务免部署使用Stable Diffusion ... 6
通过简单的案例了解文生图的步骤 13
  学习目的 13
  生成前的准备工作 13
  具体操作步骤 14
迭代步数 (Steps) 17
采样方法 (Sampler) 18
  采样方法对图像的影响 18
  采样规律总结及推荐 18
引导系数 (CFG Scale) 19
  了解引导系数 19
  引导系数规律总结及推荐 19
高分辨率修复 (Hires. fix) 20
  了解高分辨率修复 20
  高分辨率修复使用思路及参数推荐 21

用ADetailer修复崩坏的脸与手 21
总批次数、单批数量 22
  参数含义 22
  使用技巧 22
随机数种子 (Seed) 23
  了解种子的重要性 23
  固定种子数使用技巧 23

第 2 章 掌握 Stable Diffusion 图生图方法

通过简单案例了解图生图的步骤 25
  学习目的 25
  具体操作步骤 25

掌握反推功能 28
 为什么要进行反推 28
 图生图模块两种反推功能的区别 29
 使用WD1.4标签器反推 29
涂鸦功能详解 30
 涂鸦功能介绍 30
 涂鸦工作区介绍 31
 极抽象参考图涂鸦生成工作流程 31
局部重绘功能详解 33
 局部重绘功能介绍 33
 局部重绘使用方法 33
图生图共性参数讲解 34
 缩放模式 34
 蒙版边缘模糊度 35
 蒙版模式 36
 蒙版区域内容处理 36
 重绘区域 37
 仅蒙版区域下边缘预留像素 37
 重绘幅度 37
涂鸦重绘功能详解 38
 涂鸦重绘功能介绍 38
 涂鸦重绘使用方法 38
上传重绘蒙版功能详解 40
 上传重绘蒙版功能介绍 40
 上传重绘蒙版功能的使用方法 40
利用"PNG图片信息"生成相同
效果图片 42

第 3 章 掌握提示词撰写逻辑并理解底模与 LoRA 模型

认识Stable Diffusion提示词 46
 正面提示词 46
 负面提示词 47
正面提示词结构 49
质量提示词 50
掌握提示词权重 51
 用"{}"调整权重 51
 用"( )"调整权重 51
 用"(( ))"调整权重 51
 用"[ ]"调整权重 52
 用":"调整权重 52

理解提示词顺序对图像效果的影响............53
理解并使用Stable Diffusion大模型模型 54
　　什么是大模型模型..54
　　掌握大模型模型的应用特点........................54
理解并使用LoRA模型...............................56
　　认识LoRA模型..56
　　叠加LoRA模型..58
　　使用LoRA模型的方法................................60
安装大模型及LoRA模型............................61

第 4 章 掌握常用 ControlNet 模型精准控制图像方法

认识ControlNet...63
安装方法..63
　　安装插件..63
　　安装模型..64
ControlNet 关键参数解析............................66
　　启用选项..66
　　低显存模式..66
　　完美像素和预处理器分辨率........................66
　　预览窗口..67
　　控制类型..67
　　控制权重..68
　　引导介入/终止时机......................................68
　　控制模式..69
ControlNet控制类型详解.............................70
　　Canny（硬边缘）..70
　　Lineart（线稿）...73
　　SoftEdge（软边缘）...................................74

Scribble（涂鸦） 76

Depth （深度） 77

OpenPose（姿态控制） 79

Tile（分块渲染处理） 81

光影控制 82

第 5 章 利用无界 AI 绘画平台进行创作

无界AI简介 86
无界AI功能及具体应用案例 86

无界AI专业版具体参数介绍 88
提示词文本框 88
参数设置栏 88

用文生图功能得到灵感图像效果 91

用图生图功能得到风格图像效果 92

用条件生图中的骨骼捕捉生成图像 93

用条件生图中的涂鸦上色生成图像 96

用条件生图中的深度检测得到艺术文字效果 97

其他条件生图讲解 99

用局部重绘功能调整图像细节 102

用个性相机实验功能得到多样化写真效果 104

一键制作视频 106
　用文本生成视频 106
　用图片生成视频 106
　用视频生成新视频 107

无界AI工作流使用方法 108

利用无界变现方式 110

第 6 章 利用 Liblib AI 绘画平台进行创作

Liblib AI 简介及界面介绍 112
 哩布首页 112
 作品灵感 112
 在线生成 112
用文生图功能得到海报素材图效果 113
用图生图功能得到真人化效果 118
用图生视频功能得到动态视频效果 121
Liblib AI 在产品设计中的实战应用 122
Liblib AI 在真人转动漫中的实战应用 124
Liblib AI 在人物换背景中的实战应用 127
Liblib AI 在人物换装中的实战应用 129

Liblib AI 在图像扩展中的实战应用 131
Liblib AI 在产品换背景中的实战应用 133
Liblib AI 在制作艺术二维码中的
实战应用 135
Liblib AI 在照片重绘中的实战应用 138
训练我的 LoRA 140
Liblib 的创作者收益计划 146

第 7 章 利用吐司 AI 绘画平台进行创作

吐司 AI 简介及界面介绍 148
 首页 148
 在线生图 150

用文生图功能得到个性化图像..................152
用图生图功能得到真人化图像效果..........153
用文生动图功能得到动态视频效果..........155
吐司AI工作流基本使用方法....................156
吐司创作具体实例....................................159
 用文生图功能得到建筑方案效果..............159
 用文生图功能得到IP形象效果..................161
 用图生图功能得到精修人像效果..............162
 用模板功能得到真人转3D效果................164
利用吐司变现..165

第 8 章 利用触手 AI 绘画平台进行创作

触手AI简介及界面介绍................................167
 广场..167
 AI创作..167
 创建模型..167
 AI大赛..167
 身份权益..167
用极简模式功能得到写真效果..................168
用专业模式功能生成多风格图像效果......171
 用图生图功能得到一键换装效果..............171
 用参考生图功能得到动漫效果..................173
 用工作流功能一键得到效果图..................174

第9章 利用神采 Prome AI 绘画工具进行创作

神采 Prome AI 简介及界面介绍 185
图片生成 185
视频 185
图片编辑 185
社区 185
用草图涂鸦功能得到设计海报效果 186
用创意融合功能得到3D字效果 188
用变化重绘功能得到相似的图像效果 189
用照片转线稿功能得到草图效果 190
用涂鸦生成风格功能得到插画效果 192
用AI超模特功能得到服装推广效果 193
用文字效果功能得到创意文字效果 195
用AI写真功能得到小孩化妆写真效果 197
用漫其漫画功能得到视频动作效果 199
用尺寸扩充功能得到延伸画图效果 201
用图生视频功能得到动物效果 202

第 10 章 利用推文 AI 绘画工具进行创作

推文介绍及界面介绍 204
AI反应堆 204
AI工具箱 205
3D素材 206
用图形模式功能得到涂鸦风图效果 206
用自由模式功能得到奇幻插风格图效果 208
用画板套模图功能得到图电影效果 210
用AI炼字功能得到字体艺术效果 212
用模特换脸功能得到男星颜值模特效果 213
用加色抠图功能得到一键抠图效果 215
用更清晰功能得到图像放大效果 216
利用AI反应堆提取孔卡通文字 218

第 1 章

读懂 Stable Diffusion 条然
步进入文生图搞作方法

认识 Stable Diffusion

Stable Diffusion 图片

Stable Diffusion 是 2022 年发布的深度学习文本到图像生成模型。它可以用来根据文本描述生成相应的图像，主要特点包括开源、高质量、速度快、可拓展、可解释和多功能。它不仅可以用来创建图像，还可以用来进行图像翻译，以将其转换和图像修复等任务。

Stable Diffusion 的应用场景非常广泛，不仅可以用于人工智能和机器学习的深度学习训练，还可以通过给定的文本提示词（Text Prompt），输出一张与文本描述相匹配的图片。例如，输入文本为 "A cute cat"，Stable Diffusion 会输出一张可爱猫咪的图片，如下图所示。

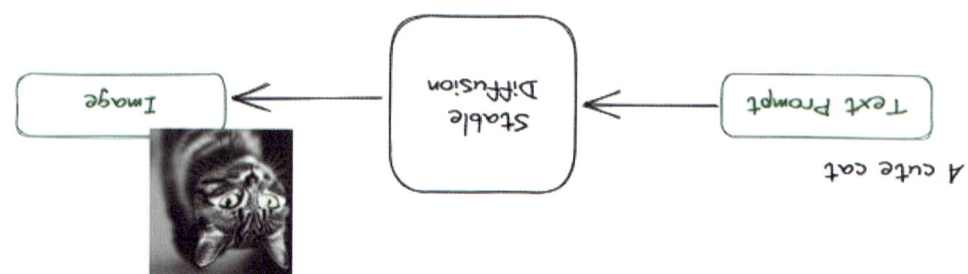

Stable Diffusion 配置要求

由于运行 Stable Diffusion 时需要进行大量运算，因此对计算机的硬件有一定要求，下面是具体配置标准。

显卡

Stable Diffusion 对显卡有一定的要求，推荐使用以下型号的显卡：NVIDIA GeForce GTX 1070 以上、NVIDIA Quadro P4000 以上、AMD Radeon RX 580 以上。这些显卡是为了推荐的最低配置要求，如果希望在更高分辨率或更复杂的场景下使用 Stable Diffusion，建议选择性能更强大的显卡。此外，显卡的显存大小也会影响 Stable Diffusion 的性能，因此建议选择至少 8GB 显存的显卡。

内存

Stable Diffusion 的运行需要足够的内存支持，如果计划使用它训练模型，则建议至少 16GB 的内存。当你希望进行大规模训练时，内存需要根据训练数据集大小和训练策略量，建议小至少准备 32GB 的内存，以满足训练需求。

第1章 漫谈Stable Diffusion安装升级及文生图操作方式 | 3 |

硬盘

为了使得 Stable Diffusion 正常运行，建议使用至少 128GB 的 SSD 图形硬盘，以提供更好的性能和更快的数据读取速度。重要注意的是，Stable Diffusion 依赖特殊资源，而模型资源通常都很大，一个模型就从几百 MB 到 2GB 不等。因此，为了充分利用这些资源，系统的硬盘容量是必备的。

网络要求

由于 Stable Diffusion 的特殊性，关联插件且在体的网络要求，但 Stable Diffusion 会与用户进行交互动态，以确保用户能够访问并使用其所有功能。在有稳定网络连接的情况下，即便没有网络，Stable Diffusion 也可以正常运行。

操作系统

为了正常安装 Stable Diffusion 并获得最佳性能，需要使用 Windows 10 或 Windows 11 操作系统。

Stable Diffusion 整合包的安装

（1）进入 https://pan.baidu.com/s/1MjO3CpsIvTQlDXpIhE0-OA?pwd=aaki 页面，下载"sd-webui-aki-v4.5.7z"文件，如下图所示。

（2）找到下载后的文件，这里是之前下载好的"sd-webui-aki-v4.4"文件，然后选中该文件，再单击鼠标右键，将其解压到你想要安装的位置，如下图所示。

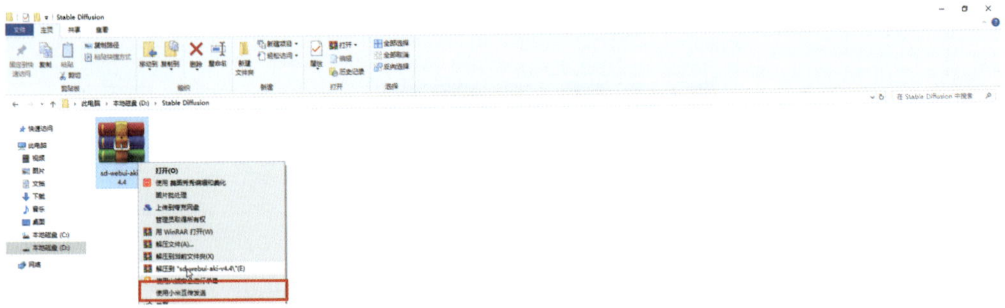

（3）打开解压后的文件夹，找到"A 启动器"的 .exe 文件，双击将其打开，如下图所示。

（4）如单来安装必要软件，会弹出提示框，需要安装后启动器运行正常，单击"是"，按钮，即可自动跳转下载，如上图所示。

（5）双击下载好的"windowsdesktop-runtime-6.0.25-win-x64"，再单击"安装"按钮，并将目动安装此套件，如上图所示。

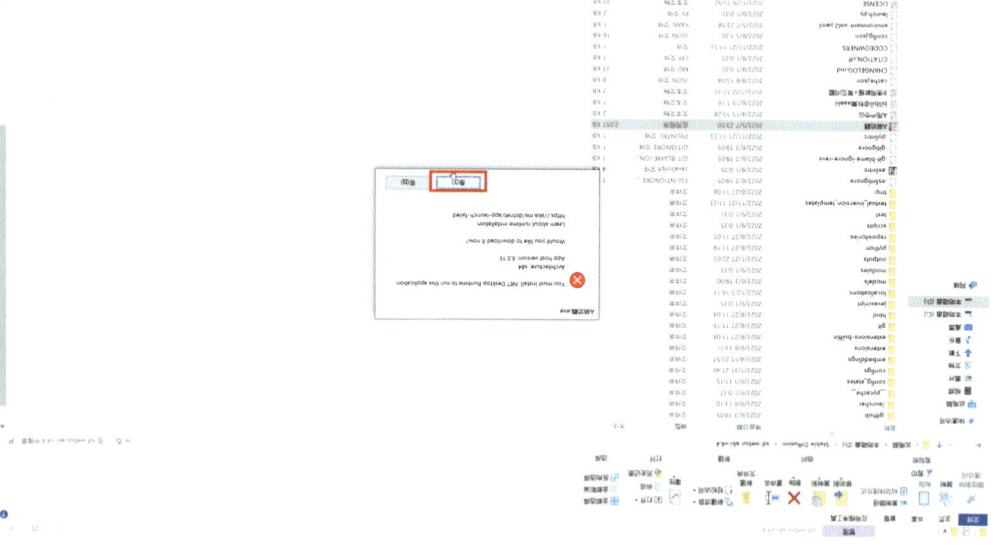

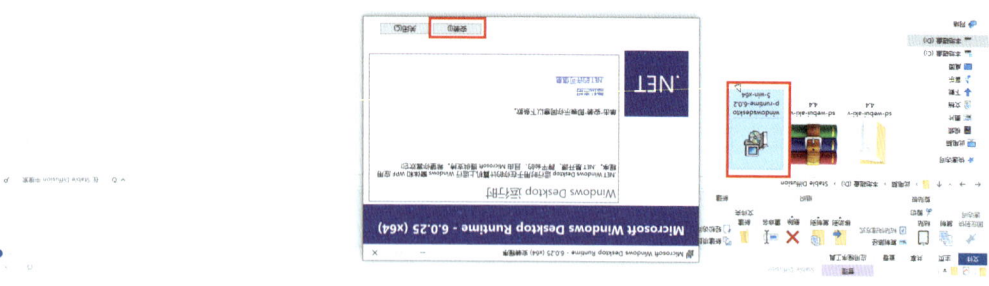

Stable Diffusion WebUI 页面布局

安装好前置软件以后，再次双击"A 启动器"的 .exe 文件，打开"Stable Diffusion WebUI"启动器界面，如下图所示。为了简化行文，下面将 Stable Diffusion 统称为 SD。

单击右下角的"一键启动"按钮，浏览器自动跳转到"SD WebUI"界面，其构成如下图所示。

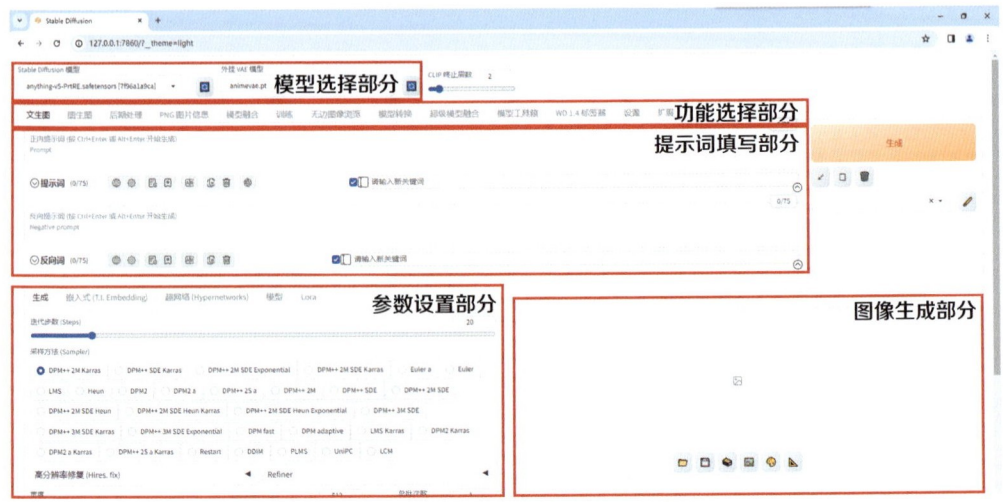

» 模型选择部分：由 SD 模型和外挂 VAE 模型组成。

» 功能选择部分：可以选择 SD 的各个组成功能。由于 SD 功能众多，限于篇幅，本书将在第 2 章与第 5 章详细讲解最重要的"文生图""图生图"功能模块，在第 8 章简要介绍"后期处理""PNG 图片信息""无边图像浏览"等辅助功能模块。

» 提示词填写部分：由正向提示词填写部分和反向提示词填写部分组成。

» 参数设置部分：由迭代步数、采样方法、高分辨率修复、宽度、高度、提示词引导系数、随机数种子设置等选项组成。

» 图片生成部分：可以浏览图像，并通过单击下方小图标完成打开图像输出目录、保存图像到指定目录、保存包含图像的 .zip 文件到指定目录等操作。

青椒云远程服务器调用使用Stable Diffusion

作为一款先进的深度学习模型，Stable Diffusion 渲染绘画与运行对应程序对硬件设备的要求非常高，通常需要配备顶级的处理器、大量的固态硬盘存储以及高性能显卡等昂贵的装备。然而，这样的硬件并非对许多用户在家里都能轻易购置。随着云计算技术的日益成熟，这样的便得更多用户能够便捷地使用这一强大的工具。

现如今电脑城都将Stable Diffusion已经成为一种可行且应受欢迎的方案，极大地降低了准入门槛。

(1) 打开青椒云官方网站，单击右上方菜单栏中的"下载"按钮，进入青椒云客户端下载页面，根据您自身的系统选择对应的客户端下载，这里使用的是Windows系统，单击Windows按钮，下载青椒云客户端文件到本地，如下图所示。

青椒云官方网站：https://www.qingjiaocloud.com/

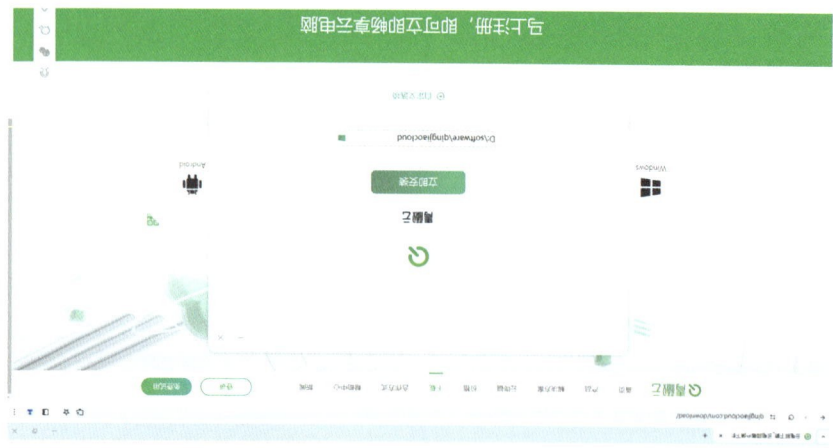

(2) 双击下载到本地的青椒云客户端安装文件，进入青椒云客户端安装界面，单击"自定义安装"按钮，设置青椒云客户端安装路径，这里的路径设置是D:\software\qingjiaocloud，如下图所示。

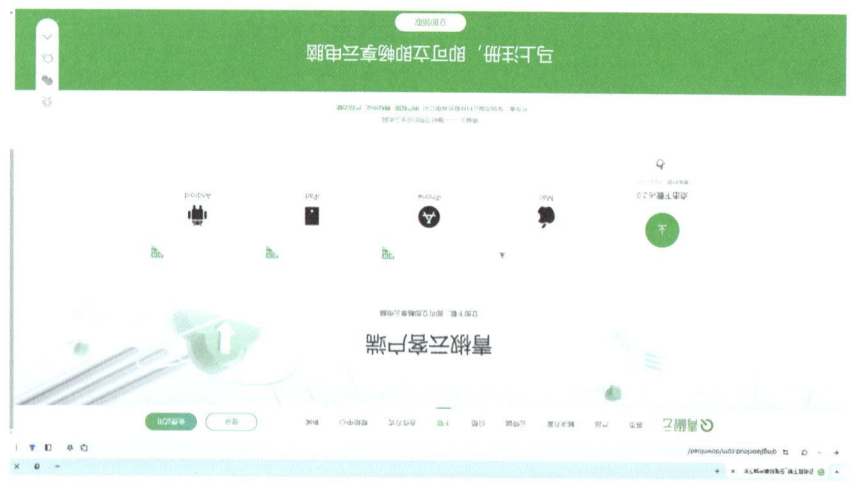

（3）用手机"立即安装"按钮，等待软件安装，安装后进入"安装已完成"界面，勾选"运行星搬运云客户端"，再单击"安装已完成"按钮，如下图所示。

（4）在星搬运客户端界面，选择"有账号登录"，弹出登录窗口，输入手机号和验证码，再单击"登录"，按钮，如下图所示，即可完成星搬运云的注册和登录。

（5）进入素材云端管理，在弹出的"签名认证"界面中，单击"立即签名"按钮，完成签名认证操作，如下图所示。

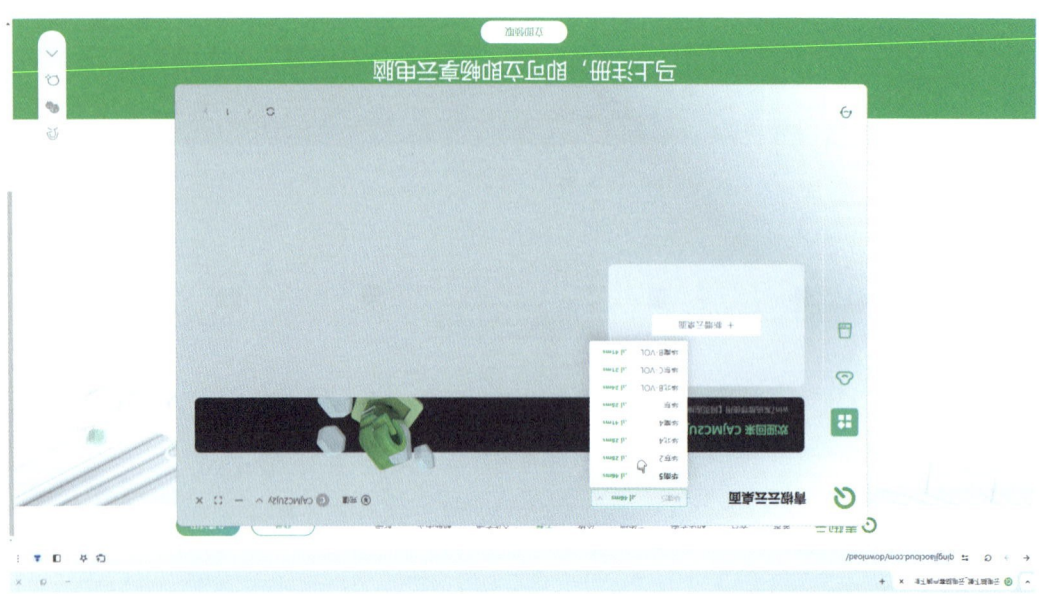

（6）签名认证操作完成后，即可正常使用素材云，回到素材云管理界面，单击名片上的"+"按钮，展开下拉列表，这里选择填写"库房5"机名，还可以多次创建不同名称的名片，如上图所示。

(7) 选择好机灯后，再单击"新建云桌面"，然后在弹出的云桌面配置窗口中选择一个你的情况选择的配置即可，这里演示选择"定制产品"列表中的"AIGC 视觉套餐【AI小王子 Jay v4 专属定制】"，开启的时长选择1 天，如下图所示。

(8) 系统跳转后页面，确实有显示在准备云桌面资源信息，再单击"开机"，接着，如下图所示。

即可启动云电脑。

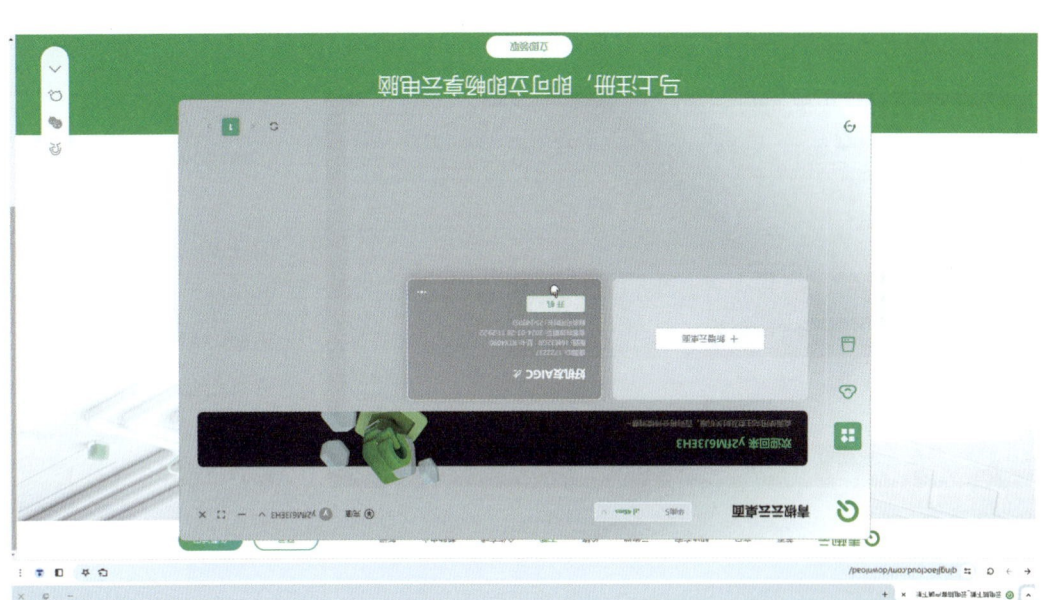

（9）云电脑启动后，单击"进入桌面"按钮，如右图所示，即可打开云电脑控制窗口。

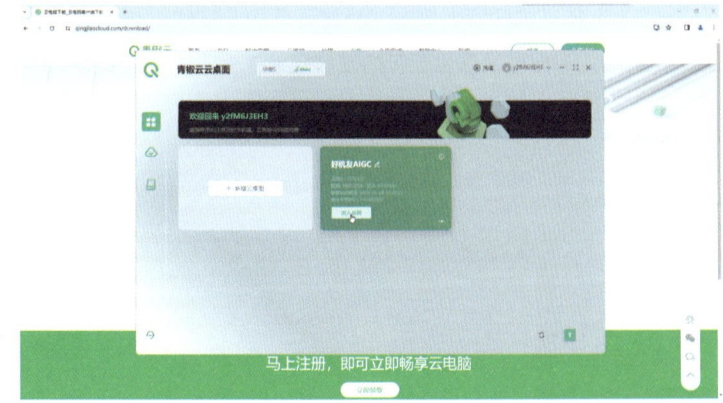

（10）在打开的云电脑控制窗口，双击"SD启动器"图标，如右图所示，SD更新完成后，即可打开绘世启动器。

（11）在绘世启动器主界面，单击右下角"一键启动"按钮，等待启动完成后，浏览器自动弹出SD WebUI 页面，即可开始使用 SD 绘图，如右图所示。

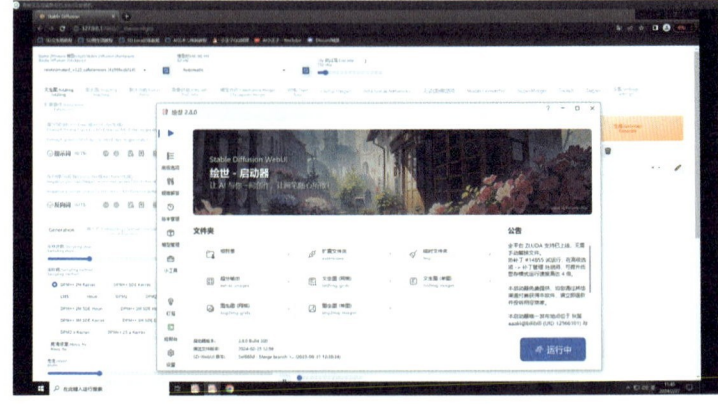

第1章 掌握Stable Diffusion安装步骤及文生图操作方法 | 11

（12）如果购买的是计时套餐，当云电脑使用结束后，将云电脑窗口关闭后，注意还需要在青椒云客户端界面，单击云桌面的电源图标，在展开的列表中单击"关机"选项，如右图所示，即可将云电脑关机，并不再继续计时。如果购买的是包天、包周、包月套餐，可忽略此步。

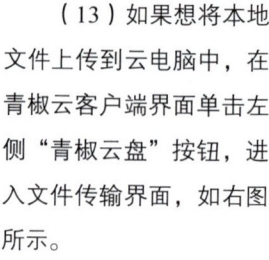

（13）如果想将本地文件上传到云电脑中，在青椒云客户端界面单击左侧"青椒云盘"按钮，进入文件传输界面，如右图所示。

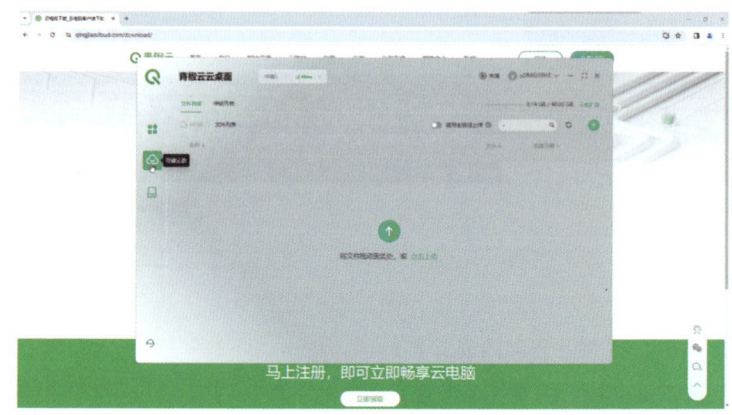

将需要传输至云电脑的文件拖入文件传输界面或单击"点击上传"按钮上传文件，这里上传的是"好机友珠宝_好机友珠宝.safetensors" LoRA文件，如右图所示。

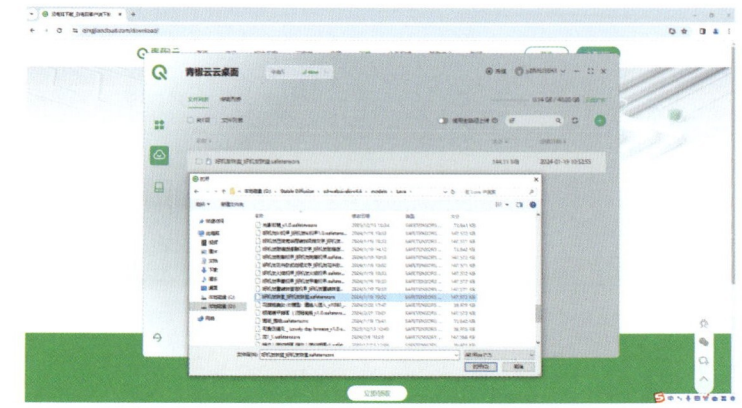

开机并进入云电脑控制窗口，双击桌面的"青椒云盘"图标，在打开的青椒云盘窗口中即可看到上传的"好机友珠宝_好机友珠宝.safetensors"LoRA文件，如下图所示，将文件拖入桌面或其他文件夹中即可在云电脑中使用。

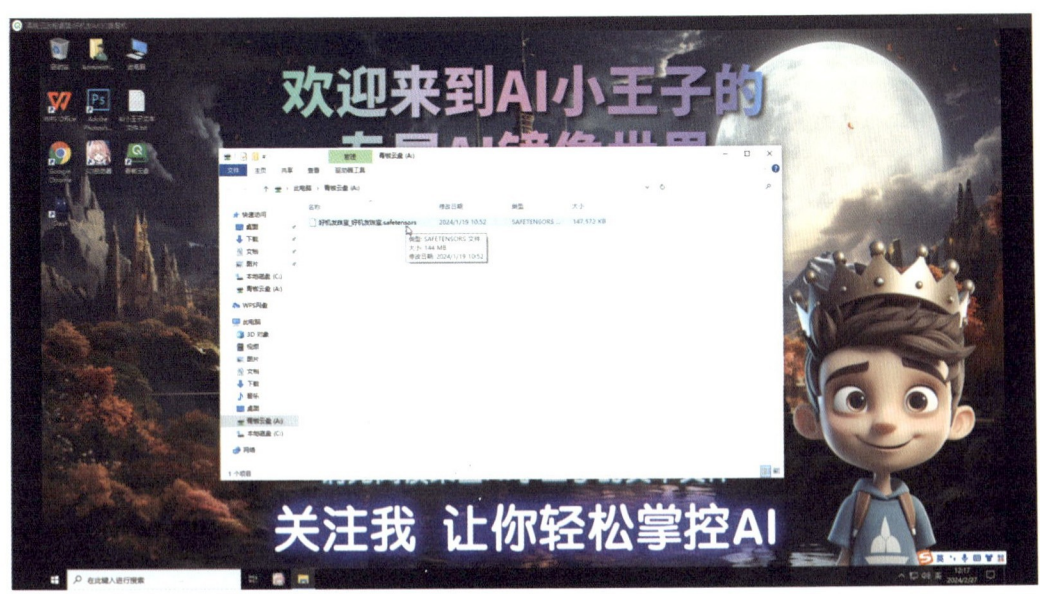

（14）如果想将云电脑中的文件下载到本地，在云电脑中，将文件拖入到青椒云盘窗口。回到青椒云客户端文件传输界面，在"文件列表"选项中即可看到云电脑中上传的文件，单击此文件，界面下方会出现文件选项，单击"下载"按钮，如下左图所示，文件即可被下载到本地。下载文成后的文件存放在青椒云的下载文件夹中，这里的路径是D:\qjcNetDiskDownload，如下右图所示，这样云电脑中的文件就可以下载到本地使用了。

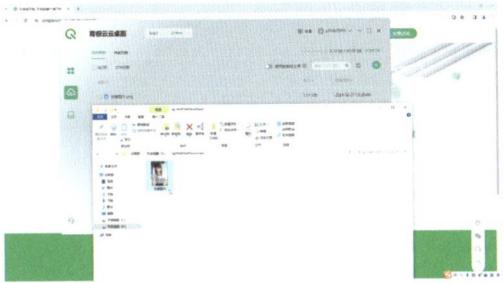

通过简单的案例了解文生图的步骤

学习目的

对初学者而言，使用 SD 生成图像是一件比较复杂的事，整个操作过程既涉及底模与 LoRA 模型的选择，还涉及各类参数设置。

为此笔者特意设计了此案例，通过学习本案例，初学者可以全局性地了解 SD 文生图的基本步骤。在学习过程中，初学者不必将注意力放到各个步骤涉及的参数，只需按步骤操作即可。

生成前的准备工作

本案例将使用 SD 生成一个写实的机器人，因此首先需要下载一个写实系底模，以及一个机甲 LoRA 模型。

（1）打开网址 https://www.liblib.art/modelinfo/bced6d7ec1460ac7b923fc5bc95c4540，下载本例用的底模，也可以直接在 https://www.liblib.art/ 网站上搜索"majicMIX realistic 麦橘写实"。

（2）将下载的底模复制至 SD 安装目录中 models 文件夹下的 Stable-diffusion 文件夹中。

（3）打开网址 https://www.liblib.art/modelinfo/44598b44fbc94d9885399b212f53f0b2，下载本例用的 LoRA 模型，也可以直接在 https://www.liblib.art/ 网站上搜索"好机友 AI 机甲"。

（4）将下载的 LoRA 模型复制至 SD 安装目录中 models 文件夹下的 LoRA 文件夹中。

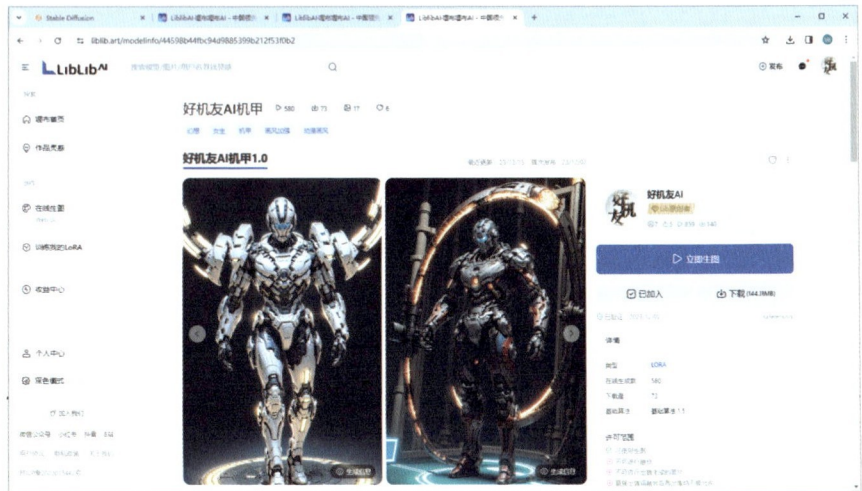

具体操作步骤

（1）开启 SD 后，在"Stable Diffusion 模型"下拉列表框中选择"majicmixRealistic_v7.safetensors [7c819b6d13]"选项，此模型为准备工作中下载的底模。

（2）在第一个文本输入框中输入正面提示词"masterpiece,best quality,(highly detailed),1girl,cyborg,(full body:1.3),day light,bright light,wide angle,white background,,complex body,shining sparks,big machinery wings,silvery,studio light,motion blur light background"，以定义要生成的图像效果。

（3）单击界面中下方的 LoRA 标签，并在右侧的文本输入框中输入"hjyrobo5"，从而通过筛选找到准备工作中下载的 LoRA 模型。

（4）单击此 LoRA 模型，此时在 SD 界面第一个文本输入框中所有文本的最后，将自动添加"<LoRA:hjyrobo5-000010:1>"，如下图所示。

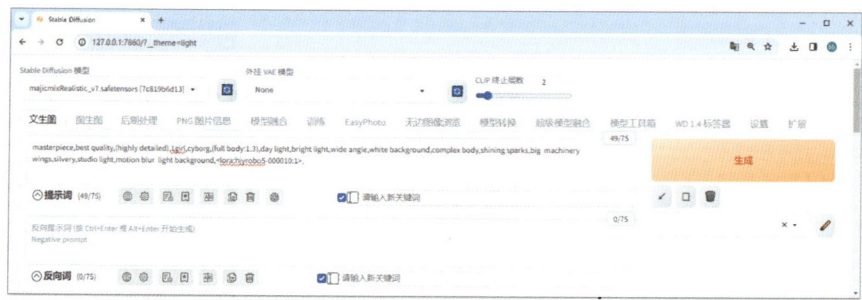

（5）将 <LoRA:hjyrobo5-000010:1> 中 1 修改为 0.7。

（6）在下方的第二个文本输入框中输入负面提示词"Deep Negative V1.x,EasyNegative,(bad hand:1.2),bad-picture-chill-75v,badhandv4,white background,kimono,EasyNegative,(low quality, worst quality:1.4),(lowres:1.1),(long legs),greyscale,pixel art,blurry,monochrome,(text:1.8),(logo:1.8),(bad art, low detail, old),(bad nipples),bag fingers,grainy,low quality,(mutated hands and fingers:1.5),(multiple nipples)"，如下图所示。

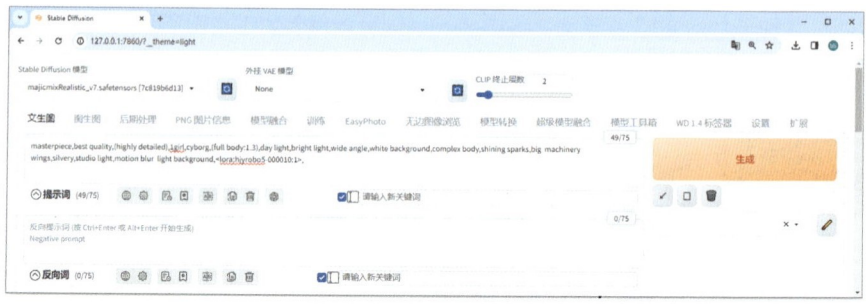

（7）在 SD 界面下方设置"迭代步数（Steps）"为 36，将"采样方法（Sampler）"设置为 DPM++ 2M Karras，将"高分辨率修复（Hires. fix）"中的"放大算法"设置为 R-ESRGAN 4x+，将"重绘幅度"设置为 0.56，将"放大倍数"设置为 2，将"提示词引导系数（CFG Scale）"设置为 8.5，并将"随机数种子（Seed）"设置为 2154788859，设置完成后的 SD 界面如右图所示。

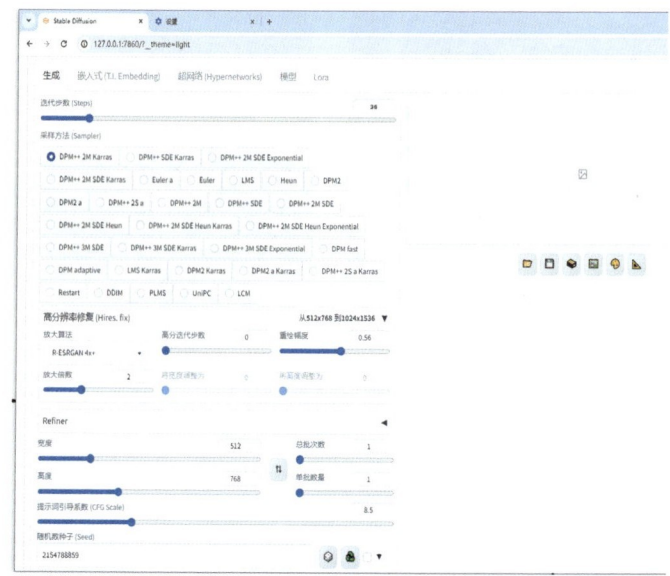

（8）完成以上所有参数设置后，要仔细与笔者展示的界面核对，然后单击界面右上方的"生成"按钮，则可以获得如下右图所示的效果。

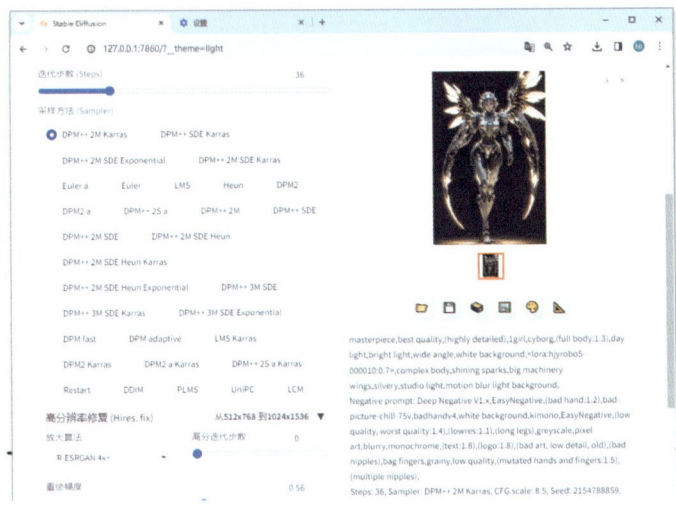

（9）如果将"随机数种子（Seed）"设置为2154788851，则可以得到如下左图所示的效果；如果将"随机数种子（Seed）"设置为2154788851，则可以得到如下中图所示的效果；如果将"随机数种子（Seed）"设置为2154788863，则可以得到如下右图所示的效果。

在上面的步骤中涉及了正面提示词、负面提示词、底模、LoRA 模型及"迭代步数（Steps）""采样方法（Sampler）"等知识点。

其中，正面提示词、负面提示词将在第 3 章详细讲解。底模、LoRA 模型将在第 4 章中详细讲解。

"迭代步数（Steps）""采样方法（Sampler）"等知识点，在本章节后面部分讲解。

迭代步数 (Steps)

如前所述，Stable Diffusion 是通过对图像进行加噪声，再利用一定的算法去噪声的方式生成新图片的，此处去噪声过程并不是一次完成的，而是通过多次操作完成的，"迭代步数"则可以简单地理解为去噪声过程执行的次数。

理论上步数越多图像质量越好，但是实际并非如此，下面笔者将通过三组使用不同底模与 LoRA 模型生成的图像，展示不同迭代参数对图像质量的影响。

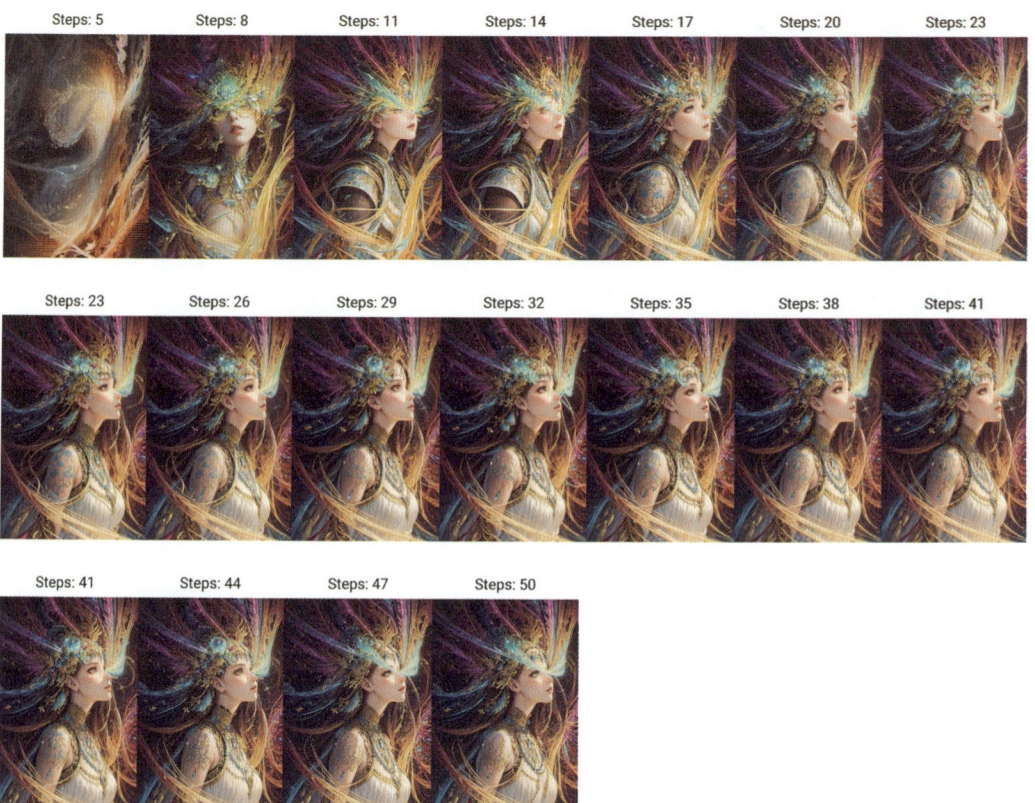

通过观察示例图像可以看出，迭代步数与图像质量并不成正比，虽然不同的步数会得到不同图像效果，但当步数达到一定数值后，图像质量就会停滞，甚至细节变化也不再明显。而且步数越大，计算时间越长，运算资源消耗越大，投入产出比明显变低。

但由于不同底模与 LoRA 模型组合使用时，质量最优化的步数是一个未知数，因此需要创作者使用不同的数值尝试，或使用"脚本"中的"XYZ 图表"功能生成查找表，以寻找到最优化步数。

按普遍性经验，可以从 7 开始向下或向上尝试。

采样方法 (Sampler)

采样方法对图像的影响

Stable Diffusion 在生成图片时，会先在隐空间（Latent Space）中生成一张完全的噪声图。然后利用噪声预测器预测图片的噪声，并通过分步将预测出的噪声从图片中逐层减去，完成生图的整个过程，直至得到清晰的图片。在这个去噪声过程中，用于处理图像噪声的算法被称为采样，或者称其为采样方法、采样器。

采样方法对图像的质量、出图的速度、图像的效果影响很大，截至笔者写作本书时，SD 共支持 31 种采样方法，如右图所示，而且有可能随着时间的推移越来越多。

采样规律总结及推荐

根据笔者的使用经验，推荐采样方法如下。

如果想要稳定、可复现的结果，不要用任何带有随机性的原型采样方法。在 SD 的所有采样方法中，名字中包含独立的字母 a 的，则都是原型采样方法，如 Euler a、DPM2 a、DPM++ 2S a 和 DPM++ 2S a Karras。

如果生成的图像效果较简单，细节不太多，可以用 Euler 或 Heun 采样方法，在使用 Heun 时，可以适当调低步数。

如果要生成的图像细节较多，且需注重图像与提示词的契合度与效率，可以选择 DPM++ 2M Karras 以及 UniPC 采样方法。

但这些都只是推荐，针对具体的图像生成项目，最好的方法还是使用"脚本"功能中的"XYZ 表格"功能，来生成使用不同采样方法的索引图。

引导系数 (CFG Scale)

了解引导系数

CFG Scale 是一个非常关键的参数,控制着文本提示词对生成图像的影响程度。简言之,CFG Scale 参数值越大,生成的图像与文本提示词的相关性越高,但可能会失真;数值越小,相关性越低,越有可能偏离提示词或输入图像,但质量会更好。较高的 CFG Scale 参数值不仅能提高生成结果与提示词的匹配度,还会提高结果图片的饱和度和对比度,使颜色更加平滑。但此参数值并非越高越好,过高的值生成的图像效果可能会导致图像效果变差。

引导系数规律总结及推荐

通过分析以上示例图像,可以看得出来,随着数值升高,图像细节越来越多,但过高中的数值会导致图像画面崩坏。

下面是各个引导系数数值对图像的影响。

» 引导系数 1:使用此数值时,提示词对图像的影响非常小,而且生成的图像模糊、暗淡。

» 引导系数 3:使用此数值,可以生成比较有创意的图片,但图像的细节比较少。

» 引导系数 7:此数值是默认值,使用此数值可以让 SD 生成有一定创新性的图像,而且图像内容也比较符合提示词。

» 引导系数 15:此数值属于偏高的引导系数,此时生成的图像更加接近提示词。当使用不同的模型时,有可能导致图像失真。

» 引导系数 30:一个极端值,SD 会较严格地依据提示词生成图像,但生成的图像大概率会有过于饱和、图像失真、变形的情况。

根据笔者的使用经验,可以先从默认值 7 开始,然后根据需要进行调整。

高分辨率修复 (Hires. fix)

了解高分辨率修复

此参数选项有以下两个作用：第一是将小尺寸的图像提高到高清大尺寸图像；第二是修复 SD 可能出现的多人、多肢体情况，参数如下图所示。

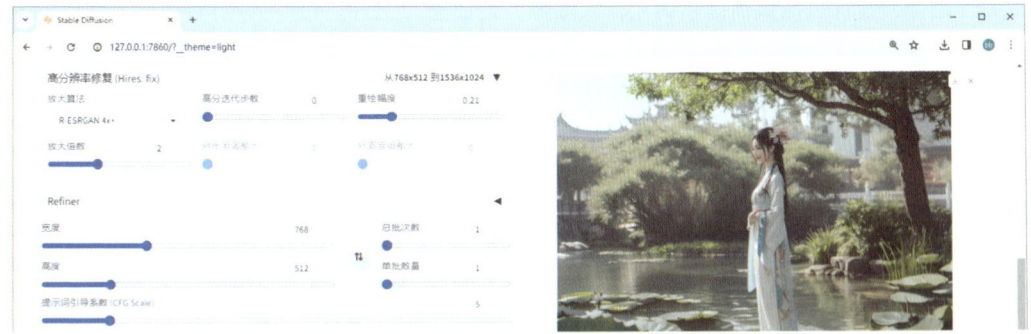

放大算法

根据不同的图像类型与内容，在此可以选择不同的放大算法，此处参数在后面详细讲解并示例。

高分迭代步数

此处的迭代步数与前面所讲述过的"迭代步数 (Steps)"含义基本相同，数值区间建议为 5 ~ 15。如果设置为 0，将应用与"迭代步数 (Steps)"相同的数值。

重绘幅度

高清修复使用的方法是重新向原图像添加噪声信息，并逐步去噪，来生成图像。新生成的图像或多或少都与原图像有所区别，数值越高，改变原图内容也就越多。因此在 SD 生成图像时，创作者会发现在生成过程中，图像的整体突然发生了变化。

下左图为将此数值设置为 0.1 时的效果，中间图像的重绘幅度值为 0.5，右图的重绘幅度值为 0.8，可以看出每张图像均不相同，其中数值为 0.8 的图像变化幅度最大。

放大倍数

放大倍率可以根据需要进行设置，通常建议为 2，以提高出图效率。如果需要更大的分辨率，可以使用其他方法。

高分辨率修复使用思路及参数推荐

高分辨率修复使用思路

在使用"高分辨率修复（Hires.fix）"时，应该遵循以下原则，在不开启此选项的情况下，先通过多次尝试获得认可效果的小图，在此情况下单击"随机数种子（Seed）"参数右侧的 ♻ 图标，以固定种子数，然后设置此选项，以获得高清大图。

高分辨率修复参数推荐

对于"放大算法"，有以下建议。

» 如果处理的是写实照片类图像，可以选择 LDSR 或者 ESRGAN_4x、BSRGAN。
» 如果处理的是绘画、3D 类的图像，可以选择 ESRGAN_4x、Nearest。
» 如果处理的是线条类动漫插画类图像，可以选择 R-ESRGAN 4x+ Anime6B。

对于各个参数有以下建议。

重绘幅度为 0.2~0.5，采样次数为 0。这个参数既可以防止低重绘导致的仅放大现象，又可以避免高重绘带来的图像变化问题。

用 ADetailer 修复崩坏的脸与手

在使用 SD 生成人像时，往往会出现脸与手崩坏的情况，在此情况下，要开启如下图所示的 ADetailer 选项，以进行修复。

此功能对脸部修复的成功率非常高，但对手部修复则并不十分理想，即便如此，笔者仍建议开启，因为其有一定修复成功的概率。

总批次数、单批数量

在 SD 中生成图像时有相当高的随机性，创作者需要多次点击"生成"按钮，生成大量图像，从中选出令人满意的，为了提高生成图像的效率，可以使用这两个参数批量生成图像。

参数含义

"总批次数"是指计算机按队列形式依次处理多少次图像，例如，此数值为 6、"单批数值"为 1 时，是指计算机每次处理 1 张图像，处理完后，继续执行下一任务，直至完成 6 张处理任务。

"单批数值"是指计算机同时处理的图片数值，例如，此数值为 6、"总批次数"为 2 时，是指计算机同时处理 6 张图像，共处理 2 次，合计处理得到 12 张图像。

使用技巧

这两个数值不建议随意设置，而是要考虑自己所使用的计算的显卡大小。

如果显存较大，可以设置较高的"单批数值"，以便于一次性处理多张的图片，加快运行速度。如果显存较小，应设置较高的"总批次数"，以防止因一次处理的图片过多导致的内存报错。

当"单批数值"较高时，SD 将同时显示正处理的图像，如右图所示。

当"单批数值"为 1，"总批次数"较高时，SD 依次显示正处理的图像，如右图所示。

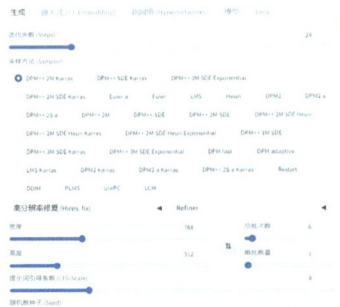

随机数种子（Seed）

了解种子的重要性

由于 SD 生成图像是从一张噪声图开始的，使用采样方法逐步降噪，最终得到所需要的图像。因此，SD 需要一个生成原始噪声图的数值，此数值即为种子数。正是由于种子数的存在，因此 SD 生成图像有相当高的随机性，每次生成的图像都不尽相同。由于种子数是起点，决定了最终图像的效果，因此每次在 SD 上使用完全相同的提示词与参数时，如果种子数不同，也会得到不同的图像，而如果将种子数固定，则会得到相同的生成图像。

获得随机种子数

在生成图像时，如果单击"随机数种子（Seed）"右侧的骰子图标◎，则可以使此数值自动变化为 -1，此时执行生成图像操作，SD 会使用随机数值生成起始噪声图像。

固定种子数

单击"随机数种子（Seed）"参数右侧的 ♻ 图标，可以自动调出上一次生成图像时的种子数，如下图所示。

固定种子数使用技巧

在种子种及其他参数固定的情况下，可以通过修改提示词中的情绪单词，获得不同表情的图像，例如笔者使用的提示词为 1girl,shining eyes,pure girl,(full body:0.5),luminous petals,long hair,flowers garden,branch,butterfly,contour deepening,upper body,look back,(((sad))),small shoulder bag,blurry background，分别将 sad 修改为其他不同的情绪单词后，获得了以下不同表情的图像，如下图所示。这个方法也适用于修改其他的微小特征，如头发颜色、肤色、年龄、配饰等，或通过某一单词观察其对生成图像的影响，此操作的前提是要使用对应的模型，否则变化会不明显。

第 2 章

掌握 Stable Diffusion 图生图方法

通过简单案例了解图生图的步骤

学习目的

图生图的界面、参数与功能比文生图更为复杂,因此与文生图一样,这里特意设计了下面的案例来展示图生图的基本步骤。同样,在学习过程中,初学者不必将注意力放到各个步骤所涉及的功能、参数上,只需按步骤操作即可。

具体操作步骤

本案例首先要使用 SD 生成一张写实的人像,然后再将其转换成为漫画效果。

(1)启动 SD 后,先按前面章节学习过的内容,在文生图界面生成一张真人图像,如下图所示。

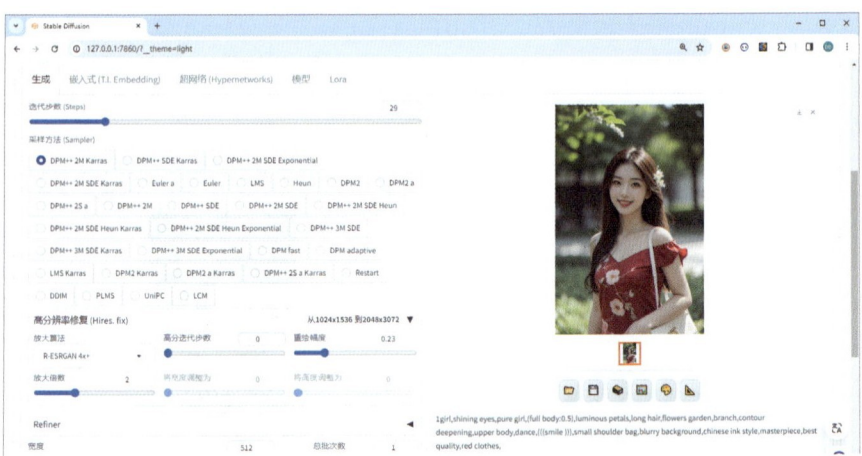

(2)在预览图下方单击 小图标,将图像发送到图生图模块并进入图生图界面,如下图所示。

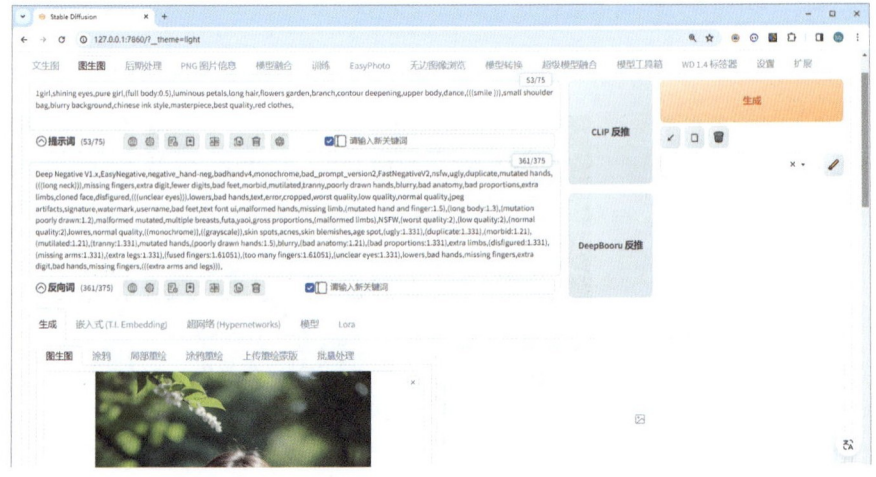

（3）从 https://www.liblib.art/modelinfo/1fd281cf6bcf01b95033c03b471d8fd8 上下载名称为 AWPainting 的漫画、插画模型，如下图所示。

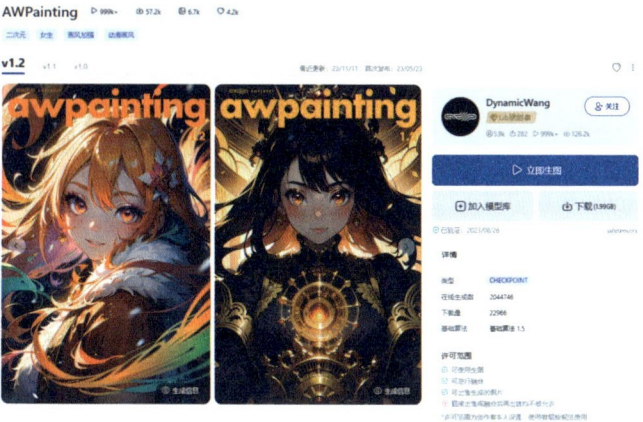

（4）在 SD 界面的"图生图"界面中，在左上方的"Stable Diffusion 模型"下拉列表中选择刚刚下载的 AWPainting_v1.2.safetensors [3d1b3c42ec]。

（5）将此界面下方的各个参数按下图所示进行调整，并单击"生成"按钮，则可以得到如下图所示的插画效果图。

（6）修改不同的参数，可以得到如右图展示的细节略有不同的效果。

在上面展示的步骤中，笔者使用的是由文生图功能生成的图片，但实际上在使用此功能时，也可以自主上传一张图片，并按同样的方法对此图片进行处理，下面介绍具体步骤。

（1）单击界面中的 ×，将已上传的图片删除，再单击上传图片区域的空白区域，则可以上传一张图片，如下图所示。

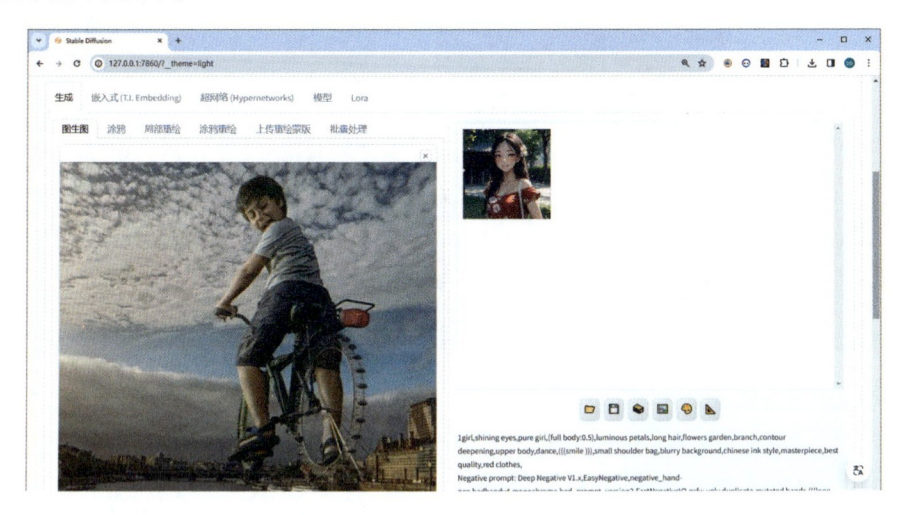

（2）单击"DeepBooru 反推"按钮，使用 SD 的提示词反推功能，从当前这张图片中反推出正确的提示词，此时正向提示词文本输入框如下图所示。

（3）由于反推得到的提示词并不全面，因此需要手工补全，例如笔者添加了 rid bicycle,look back,ship 等描述小男孩动作的词，以及质量词 masterpiece,best quality。

（4）由于此图像与前一个图像的尺寸不同，因此需要在"重绘尺寸"处单击 ，以获得参考图的尺寸。

（5）根据自己对"采样方法""重绘尺寸倍数""提示词引导系数""重绘幅度"的理解，重新设置这些参数，然后单击"生成"按钮，则可以得到如下页上图所示类似于原图的插画。

在上面展示的步骤中，我们始终工作于"图生图"选项卡。在后面的章节中，笔者将分别讲解"涂鸦""局部重绘""涂鸦重绘""上传重绘蒙版""批量处理"等不同的功能。

另外，虽然需要设置若干参数，但如果与前面已经讲过的文生图模块相比，就可以看出大部分参数是相同的，因此只要掌握了文生图模块相关参数，此处的学习就易如反掌。

下面详细讲解图生图模块的各项功能。

掌握反推功能

为什么要进行反推

在使用 SD 进行创作时，经常需要临摹他人无提示词的作品，此时，对于经验丰富且英文较优秀的创作者，可以写作出不错的提示词。但对初学者来说，凭自己的能力很难写作契合此作品画面的提示词。

在这种情况下，就要使用反推功能，以 SD 的反推模型来推测作品画面提示词。

注意：当首次使用此功能时，由于 SD 需要下载功能模型文件，可能会长时间停止在如右图所示的界面，但如果网络速度很快，等待时间会大大缩短。

图生图模块两种反推功能的区别

SD 提供了两个反推插件，一个是 Clip，一个是 DeepBooru。前者生成的是自然描述语言，后者生成的是关键词，例如，右图为笔者上传的反推图像。

使用 Clip 反推得到的提示词为：a boy is riding a bike over a body of water with a city in the background and a bridge in the foreground。

使用 DeepBooru 反推得到的提示词为：cloud,sunset,cloudy_sky,ocean,sky,horizon,cityscape,water,shore,scenery,twilight,mountain,bicycle,outdoors,city,sunrise,mountainous_horizon,river,orange_sky,building,evening,solo,beach,sun,lake,bridge,landscape,waves,boat,dusk。

对比以上两条提示词，可以看出，使用 DeepBooru 反推得到的提示词，虽然不是自然表达句式，但总体更加准确一些，而且由于 SD 目前对自然句式理解并不好，因此，如果要进行反推，推荐使用 DeepBooru。

使用 WD1.4 标签器反推

除了使用图生图模块进行反推，还可以使用 SD 的"WD 1.4 标签器"功能进行反推。在 SD 界面中选择"WD 1.4 标签器"，然后上传图像，SD 将自动开始反推，反推成功后的界面如下图所示。

与图生图模块中的反推功能不同，"WD 1.4 标签器"功能除了可以快速得到反推结果，而

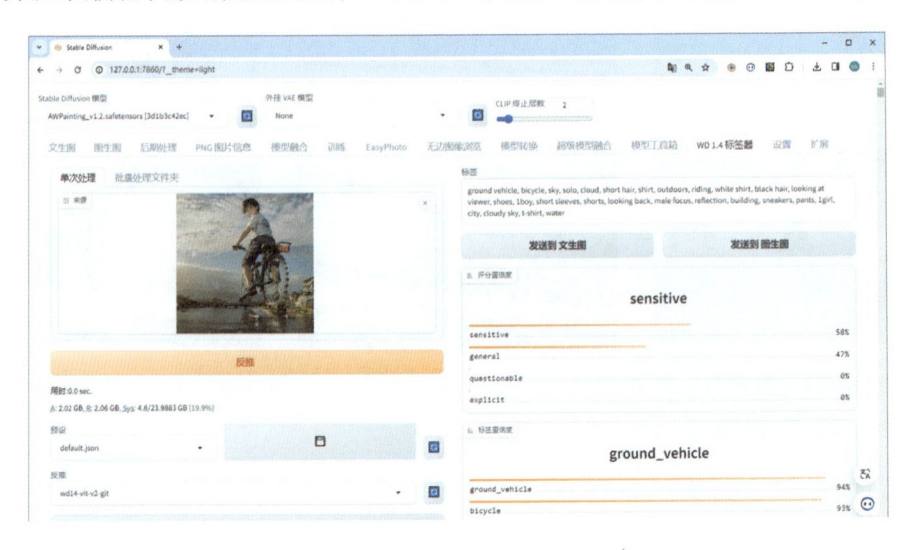

且还会给出一系列提示词排序,排在上面的提示词在画面中的权重高,也更加准确。

完成反推后,可以单击"发送到文生图"或"发送到图生图"按钮,将这些提示词发送到不同的图像生成模块。

然后单击"卸载所有反推模型"按钮,以避免反推模型占用内存。

对比图生图模块中的反推功能,笔者建议各位读者首选此反推功能,次选 DeepBooru 反推,Clip 反推尽量避免使用。

涂鸦功能详解

涂鸦功能介绍

顾名思义,涂鸦功能可以依据涂鸦画作生成不同画风的图像作品。例如,如下左图展示的是小朋友的涂鸦作品,中间及下右图展示的是依据此图像生成的写实及插画风格作品。

这里展示的是涂鸦功能的主要使用方法及效果,除此之外,还可以在参考图像上通过局部涂鸦来改变图像的局部效果。

涂鸦工作区介绍

当创作者在涂鸦工作区上传图片后，可以在工作区右上角看到五个按钮，下面简单介绍这五个按钮的作用。

» 删除图像 ⊠ ：单击此按钮，可以删除当前上传的图像。
» 绘画笔刷 ✏ ：单击此按钮，可以通过拖动滑块确定笔刷的粗细，然后在图像上自由绘制。
» 回退操作 ↶ ：单击此按钮，可以逐步撤销已绘制的笔画。
» 调色盘 ⊙ ：单击此按钮，可以从调色盘中选择笔刷要使用的颜色。
» 橡皮擦 ⌫ ：单击此按钮，可以一次撤销所有已绘制的笔画。
» 在执行绘制操作时，可以使用以下快捷操作技巧。
» 按住 Alt 键，同时转动鼠标滚轮，可以缩放画布。
» 按住 Ctrl 键，同时转动鼠标滚轮，可以调整画笔大小。
» 按 R 键，可以重置画布缩放比例。
» 按 S 键，可以进入全屏模式。
» 按 F 键，可以移动画布。

需要特别指出的是，上述按钮的功能及快捷操作技巧适用于图生图模块每一个有上传图片工作区。

极抽象参考图涂鸦生成工作流程

前面笔者展示了使用小朋友的涂鸦作品生成写实照片与插画风格图像的效果。在这两个案例中，由于小朋友的涂鸦作品比较具象，因此无论用哪一种反推功能进行提示词反推，都可以得到较好的结果。

但如果上传的涂鸦作品过于抽象，或者难以辨识，如下右图所示，则有可能无法通过反推得到提示词，或者得到的提示词基本是错误的。

在这种情况下，正确的方法是放弃反推，手动在正向提示词文本框中输入关键词。

以下左图为例，使用反推只能够得到一个提示词即 moon，因此笔者手动输入了下面的提示词：moon,sea,ship on sea,tree,beach,mountain,fog,night light,masterpiece,best quality。

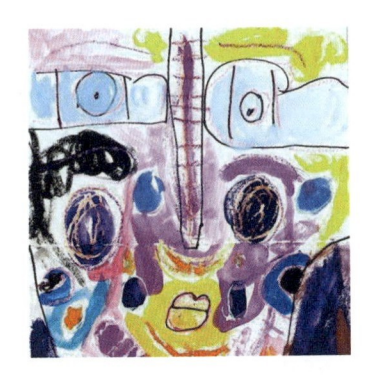

选择底模 majicmixRealistic_v7.safetensors [7c819b6d13]，然后按下图所示设置相关参数，得到了效果相当不错的图像。

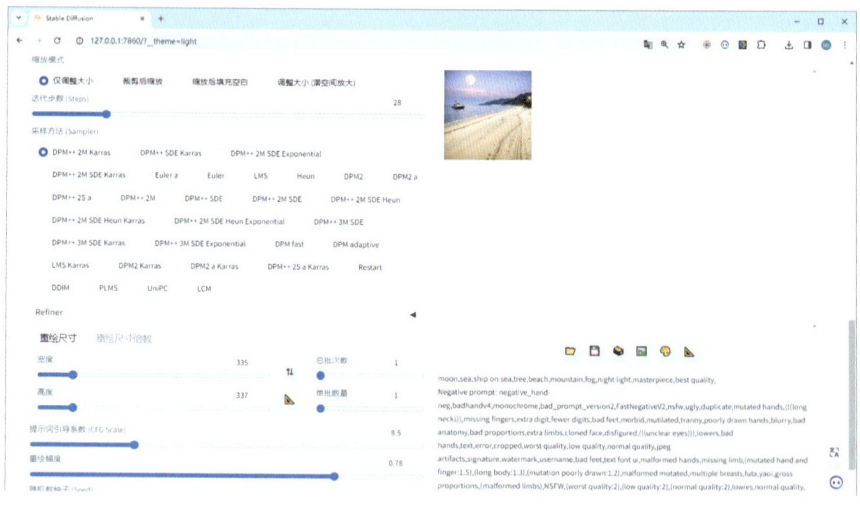

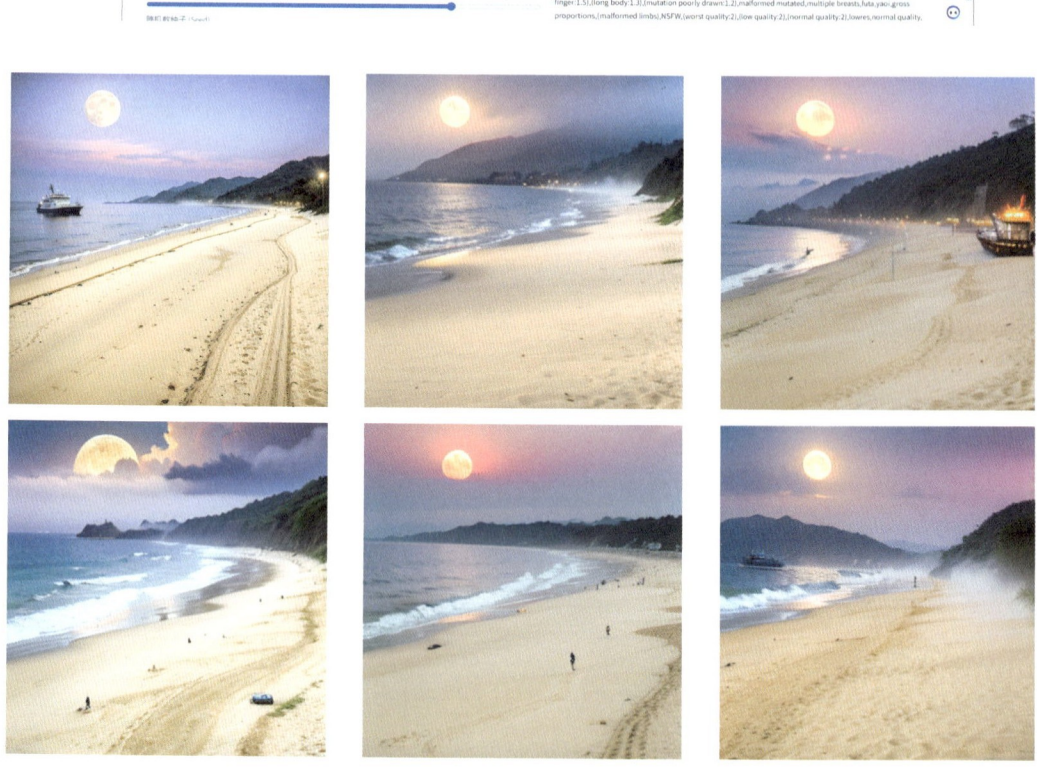

局部重绘功能详解

局部重绘功能介绍

其实，通过此功能的名字，也能大概猜测出来其作用，即通过在参考图像上做局部绘制，使 SD 针对这一局部进行重绘式修改。

例如，下左图展示的是原图，其他两张图是使用局部重绘功能修改模特身上的衣服后，获得的换衣效果。

局部重绘使用方法

下面通过一个实例讲解此功能的基本使用方法，其中涉及的参数，将在下一节讲解。

（1）上传要重绘的图像，使用画笔工具绘制蒙版将要局部重绘的衣服遮盖住，如下左图所示。

（2）按下右图设置生成参数，然后将"提示词引导系数"设置为 7，"重绘幅度"设置为 0.75。

（3）确保使用的底模是写实系底模，然后将正面提示词修改为 yellow gold dress,hand down,masterpiece,best quality。

（4）完成以上设置后，多次点击"生成"按钮，即可得到所需要的效果，具体图像展示在上一页中。

图生图共性参数讲解

如果分别单击图生图模块的"局部重绘""涂鸦重绘""上传蒙版重绘""批量处理"四个选项卡,就会发现有些参数是相通的。

下面分别讲解这些参数,再一一讲解这四个功能的使用方法。

缩放模式

此参数有"仅调整大小""裁剪后缩放""缩放后填充空白""调整大小(潜空间放大)"四个选项,用于确定当创作者上传的参考图与在图生图界面设置的"重绘尺寸"不同时,SD处理图像的方式。

下面通过示例直观地展示当笔者选择不同的选项时获得的不同图像效果。

笔者先上传了一张尺寸为1024×1536的图像,如右图所示,然后将"重绘尺寸"设置为1024×1024。

接下来分别选择上述四个选项中的前三个,得到的图像如下图所示。

仅调整大小 　　　　　　　裁剪后缩放 　　　　　　　缩放后填充空白

通过上面的示例图可以看出,当选择"仅调整大小"选项后,SD将按非等比方式缩放图像,以使其尺寸匹配1024×1024。

当选择"仅裁剪后缩放"选项后,SD将裁剪图像,以使其尺寸匹配1024×1024。

当选择"缩放后填充空白"选项后,SD等比改变图像画布,使其尺寸匹配1024×1024。由于原图像尺寸为1024×1536,而"重绘尺寸"为1024×1024,因此SD将等比压缩图像的高,使其等于1024,由于压缩后图像的宽度小于1024,因此需要扩展图像画布,同时对新增的画布进行填充。

当选择"调整大小(潜空间放大)"选项后,与"仅调整大小"选项一样SD将按非等比方式缩放图像,以使其尺寸匹配1024×1024,与"仅调整大小"不一样的是,由于是反馈到潜空间中进行运算,图像会出现模糊变形的效果。

蒙版边缘模糊度

要理解这个参数,首先要理解为什么在 SD 中通过绘制的蒙版对图像的局部进行重绘,能生成过渡自然的图像。

这是由于在 SD 中根据蒙版运算时,不仅考虑被蒙版覆盖的区域,还会在蒙版边缘的基础上向外扩展一定的幅度。

例如,在下面展示的两个蒙版中,虽然蒙版只覆盖了部分头发,但 SD 在运算时会在此蒙版的基础上,会继续向外扩展若干像素。

即将下图中红色线条覆盖的区域也考虑在运算数值内,并在生成新图像时与红色线条覆盖的区域相融合。

红色线条宽度是由"蒙版边缘模糊度"数值来确定的,此数值默认是 4,一般控制在 10 以下,这样边缘模糊度刚好适中,融合得相对比较自然。如果数值过低,新生成的图像边缘就会显得生硬;如果数值过高,影响到的图像区域会过大。

下面是一组使用不同数值获得的图像。

数值 0 　　　　　　　　　数值 9 　　　　　　　　　数值 15

受限于图书的印刷效果，可能各位读者在观看上面展示的除数值 0 以外各数值的生成效果时感觉不十分明显，但实际上只要在计算机屏幕上观看，就能够明显看出来当数值为 15 时，新生成的图像部分与原图像融合效果是最好的，而数值更大的融合效果变化则不再明显。

蒙版模式

蒙版模式包括两个选项，即"重绘蒙版内容"和"重绘非蒙版内容"。

如果用蒙版覆盖的区域是要重绘的部分，则要选择"重绘蒙版内容"选项。

如果要重绘的区域很大，此时可以仅用蒙版覆盖不进行重绘的区域，然后选择"重绘非蒙版内容"选项。

在上面展示的案例中，笔者要更换模特的服装，因此均选择的是"重绘蒙版内容"选项。

蒙版区域内容处理

蒙版区域内容处理包括四个选项，即"填充""原版""潜空间噪声""空白潜空间"。四个选项由于采用了不同的算法，因此得到的效果差异非常明显。

» 填充：选择此选项后，SD 在蒙版区域将图像模糊后，重新生成提示词指定的图像。

» 原版：选择此选项后，SD 依据蒙版区域覆盖的原图信息，生成风格类似且符合提示词信息的图像。

» 潜空间噪声：选择此选项后，SD 完全依据提示词生成新图像，且由于会重新向蒙版区域填充噪声，因此图像的风格变化比较大。

» 空白潜空间：选择此选项后，SD 清空蒙版区域，然后依据蒙版区域周边的像素色值平均混合得到一个单一纯色，并以此颜色填充蒙版区域，然后在此基础上重绘图像。如果希望重绘的图像与原始图像截然不同，但色调仍类似，可以选择此选项。

重绘区域

此参数有两个选项"整张图片""仅蒙版区域"。

如果选择"整张图片",SD 将会重新绘制整张图片,包括蒙版区域和非蒙版区域。这样做的优点是,可以较好地保持图片的全局协调性,蒙版区域生成的新图像能够更好地与原图像进行融合。

如果只希望改变图片的局部,以达到精细控制效果,则要选择"仅蒙版区域"。此时 SD 只会对蒙版部分重新绘制,不会影响蒙版外的区域。在这种状态下,只需输入重绘部分提示词即可。

仅蒙版区域下边缘预留像素

此参数仅在"仅蒙版区域"被选中的情况下有效,其作用是控制 SD 在生成图片时,针对蒙版边缘向外延伸多少像素,其目的是使新生成的图像与原图像融合得更好。

由于在选择"整张图片"时,SD 会重新渲染生成整张图像,因此无须考虑蒙版覆盖的重绘图像是否能够与原图像更好地融合。

右上图为此数值为 0 时,渲染过程中 SD 显示的蒙版区域预览图。下右图为此数值为 80 时,渲染过程中 SD 显示的蒙版区域预览图。

对比两张图能明显看出下右图图像区域更大,这正是由于数值被设置为 80,因此 SD 在渲染生成图像时,需从蒙版边缘向外展的原因。

重绘幅度

这是一个非常重要的参数,用于控制重绘图像时新生成的图像与原图像的相似度。

较低的数值使生成的图像看起来与输入图像相似,因此,如果只想对原图进行小的修改,应使用较低的值。

较高的数值可增加图像的变化,并减少参考图像对重绘生成的新图像的影响。当数值逐渐变大时,生成的新图像与原图关联度会越来越低。

涂鸦重绘功能详解

涂鸦重绘功能介绍

无论是参数，还是界面，涂鸦重绘与局部重绘功能非常相似，区别仅在于上传参考图像后，当创作者使用画笔在参考图像上绘制时，可以调整画笔的颜色，如下图所示。这一区别使涂鸦重绘具有了影响重绘区域颜色的功能。

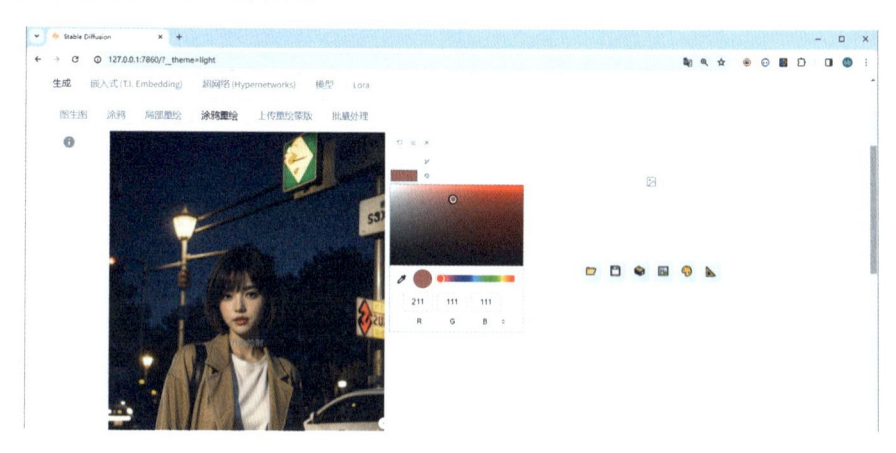

涂鸦重绘使用方法

下面通过案例讲解涂鸦重绘功能的使用方法，在本案例中，笔者将利用此功能为模特更换衣服样式。

（1）启动 SD 后，进入图生图界面，将准备好的素材图片上传到涂鸦重绘模块，如下左图所示。

（2）接下来对图片内容重绘，这里想把衣服换成蓝色的卫衣，所以单击 ❂ 按钮，修改画笔颜色为蓝色。由于绘制区域比较大，单击 ❤ 按钮，调整画笔大小。最后在图片中的衣服区域开始涂抹，如下右图所示。

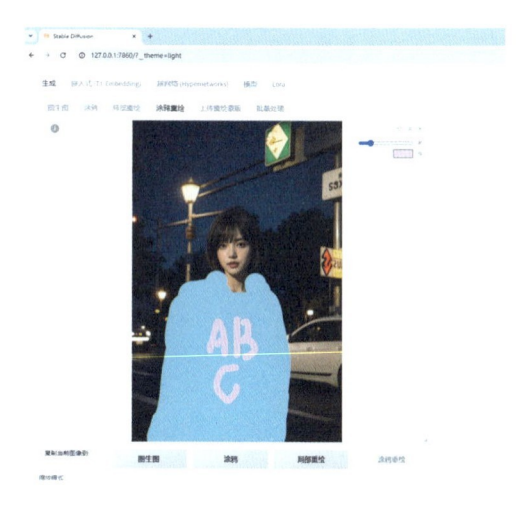

（3）单击"DeepBooru反推"按钮，使用SD的提示词反推功能，从当前这张图片反推出正确的关键词，此时正向提示词文本输入框如图所示。

（4）由于反推得到的关于衣服描写的关键词与接下来涂鸦重绘的内容会发生冲突，所以笔者删除了coat和brown coat等描述衣服的词，增加了想要换成的卫衣的描述词hoodie。

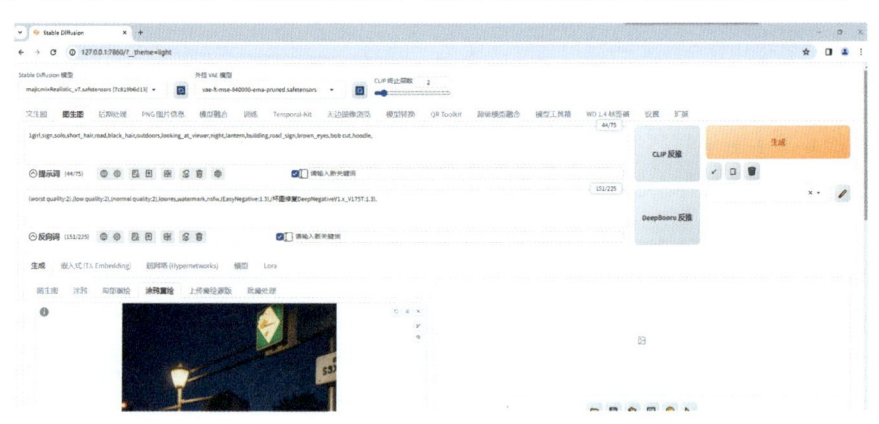

（5）在"重绘尺寸"处单击▲按钮以获得参考图的尺寸，调整生图尺寸与参考图一致，否则会出现比例不协调的情况。

（6）根据对"采样方法""重绘尺寸倍数""提示词引导系数""重绘幅度"的理解，自己设置这些参数，然后单击"生成"按钮，则可以得到如下右图所示穿着蓝色卫衣的女生图片。

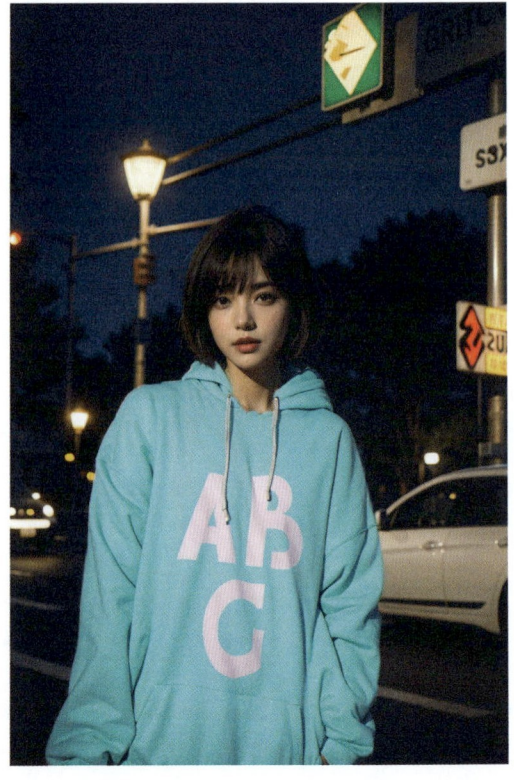

上传重绘蒙版功能详解

上传重绘蒙版功能介绍

上传重绘蒙版功能实际上与局部重绘功能是一样的，区别仅在于，在上传重绘蒙版功能界面中，创作者可以手动上传一张蒙版图像，而不是使用画笔绘制蒙版区域，因此，创作者可以利用 Photoshop 等图像处理软件获得非常精确的蒙版。

如果图像的主体不是特别复杂，在 Photoshop 中只需选择"选择"—"主体"命令，即可得到比较精准的主体图像。

然后将选择出来的图像，复制至一个新图层，用"编辑"—"填充"命令，将其填充为白色，并将原图像所在的图层填充为黑色。

按 Ctrl+E 合并图层或者选择"图层"—"拼合图像"命令合并图层，最后将此图像导出，成为一个新的 PNG 图像文件即可。

上传重绘蒙版功能的使用方法

下面通过案例讲解上传重绘蒙版功能的使用方法，在本案例中，笔者将利用此功能为模特更换背景。

（1）准备一张需要更换人物背景的图片，将其上传到 Photoshop 中绘制蒙版图片，然后将其保存为一个 PNG 格式的图像文件。

（2）启动 SD 后，进入图生图界面，将准备好的素材图片上传到重绘蒙版模块的原图上传区域，将准备好的蒙版图片上传到重绘蒙版模块的蒙版上传区域，如下图所示。

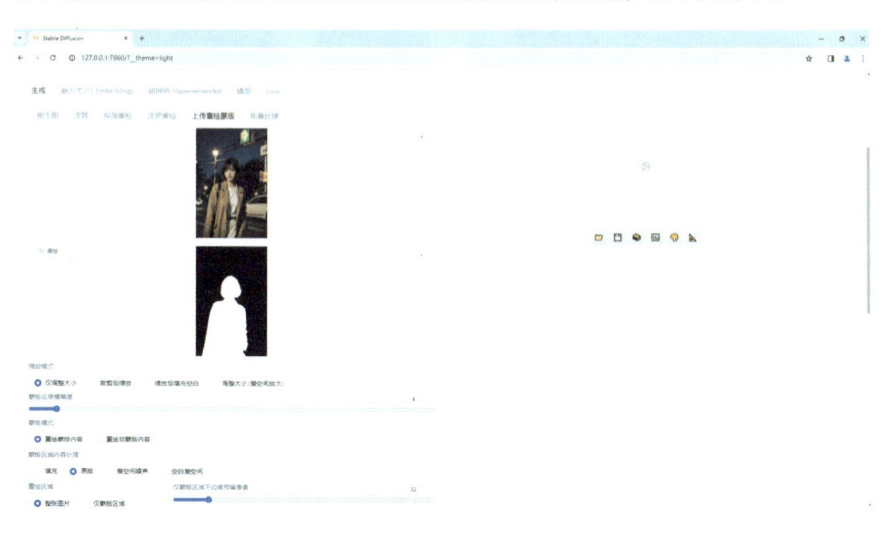

（3）需要注意的是，与前面介绍的局部重绘的不同，上传蒙版中的白色代表重绘区域，黑色代表保持不变的区域，所以这里将"蒙版模式"改为重绘非蒙版区域，即黑色的背景区域。

（4）单击"DeepBooru反推"按钮，使用SD的提示词反推功能，从当前这张图片反推出正确的关键词，此时正向提示词文本输入框如下图所示。

（5）由于反推得到的关于背景描写的关键词与接下来重绘白天在公园的背景发生冲突，所以笔者删除了 night,lantern,building,road_sign 等与接下来描述不相关的词，增加了重绘的背景词 blue_sky,suneate,in the park,day,cloud，以及质量词 Best quality,masterpiece,extremely detailed,professional,8k raw。

（6）调整生图尺寸与参考图一致，否则会出现比例不协调的情况。在"重绘尺寸"处单击 按钮，以获得参考图的尺寸。

（7）根据自己对"采样方法""重绘尺寸倍数""提示词引导系数""重绘幅度"的理解，设置这些参数，然后单击"生成"按钮，则可以得到如下右图所示女孩白天在公园的图片。

利用"PNG 图片信息"生成相同效果图片

学习 SD 时，一个非常重要的方法是分析原图的参数。通过分析参数，几乎可以一键复现与原图完全相同的图片，从而理解创作者的参数设置思路。

此方法在操作层面比较简单，只需要在 SD WebUI 中的"PNG 图片信息"功能区打开要的图片即可，然后通过点击"发送到文生图"或"发送到图生图"按钮，将参数发送到作图区，从而生成相同风格或者效果的图片。

如果图片参数简单，没有运用功能插件，基本可以将全部参数一键发送到作图区，但是如果参数复杂并且运用了不同的功能插件，再使用一键发送功能就会出现参数设置不全的情况，所以有些参数只能通过对照信息手动添加，这就需要对 PNG 图片信息中出现的所有参数全部掌握，下面详细讲解各个参数的意义。

"PNG 图片信息"的位置在"后期处理"选项的右侧，点击"PNG 图片信息"选项即可使用该功能。在此笔者打开的是一个动漫效果 Logo 图片，图片信息显示下图所示。

parameters
((windbard)),((willow)),(swalot),((cherry_blossoms)),courtyard,Garden,warm,green plants,leisure chair,sun room,vegetable plot,plant wall,thunder and lightning,spring rain,in spring,flower,mushroom,butterfly,insect,<lora:ghibli_style_offset:0.4>,ghibli style,<lora:绘画风Style under Jrpencil_V1:0.4>,<lora:好机友QQ:0.7>,

在右侧显示的参数中，最上方是正向提示词，它包括了每个提示词的权重以及 LoRA 模型的名称和权重，如下图所示。

Negative prompt: (worst quality:2),(low quality:2),lowres,watermark,nsfw,EasyNegative,坏图修复DeepNegativeV1.x_V175T,

再往下是 Negative prompt 反向提示词，它同样包括了每个反向提示词的权重以及嵌入式模型的名称和权重。

接着后面就是参数设置信息，Steps 是"迭代步数"，这里是 30；Sampler 是"采样方法"，这里是 DPM++ 3M SDE Exponential；CFG scale 是"提示词引导系数"，这里是 7；Seed 是"随机种子"，它对复原图片具有很重要的作用，这里是 341350761；Size 是图片的尺寸，这里是 768×512；Model hash 是"模型哈希值"，这个跟随 Stable Diffusion 模型一起，不需要单独设置；

Model 是"Stable Diffusion 模型",这里是 ReVAnimated_v122_V122,在一键发送信息时,"Stable Diffusion 模型"是不能跟随发送的,所以要根据信息手动调整"Stable Diffusion 模型";这里的参数如下图所示。

> Steps: 30, Sampler: DPM++ 3M SDE Exponential, CFG scale: 7, Seed: 341350761, Size: 768x512, Model hash: f8bb2922e1, Model: ReVAnimated_v122_V122,

再往下 VAE hash 是"VAE 哈希值",也是跟随 VAE 一起;VAE 是"外挂 VAE 模型",这里是 vae-ft-mse-840000-ema-pruned.safetensors,它也是不能跟随发送的,需要手动调整;再往后 Denoising strength 是"高分辨率修复"中的"重绘幅度",这里是 0.7;Clip skip 是"CLIP 终止层数",这里是 2,此参数通常无须调整,这里的参数如下图所示。

> VAE hash: b8821a5d58, VAE: vae-ft-mse-840000-ema-pruned.safetensors, Denoising strength: 0.7, Clip skip: 2,

再往后是 ControlNet 插件的参数,ControlNet 0 代表的是启用了 ControlNet 单元 0,后面引号中的内容也就是改该单元的参数,Module 是"预处理器",这里是 canny,Model 是"模型",这里是 control_v11p_sd15_canny,Weight 是"控制权重",这里是 1,Resize Mode 是"缩放模式",这里是 Crop and Resize,Low Vram 是"低显存模式",这里没有开启所以是 False,后面是 canny 控制类型的阈值参数,这个如果不调整就显示默认数值,再往后 Guidance Start 和 Guidance End 分别是"引导介入时机"和"引导终止时机",这里没有调整,显示的是默认数值,Pixel Perfect 是"完美像素模式",这里开启了,所以是 True,Control Mode 是"控制模式",这里是"均衡",往后 ControlNet 1 是单元 1 中的参数,基本内容大同小异,需要注意的是,ControlNet 插件的参数都不能发送到作图区,需要根据信息手动设置。这里的参数如下图所示。

> VAE hash: b8821a5d58, VAE: vae-ft-mse-840000-ema-pruned.safetensors, Denoising strength: 0.7, Clip skip: 2, ControlNet 0: "Module: canny, Model: control_v11p_sd15_canny [d14c016b], Weight: 1, Resize Mode: Crop and Resize, Low Vram: False, Processor Res: 512, Threshold A: 100, Threshold B: 200, Guidance Start: 0, Guidance End: 1, Pixel Perfect: True, Control Mode: Balanced, Save Detected Map: True", ControlNet 1: "Module: depth_midas, Model: control_v11f1p_sd15_depth_fp16 [4b72d323], Weight: 0.5, Resize Mode: Crop and Resize, Low Vram: False, Processor Res: 512, Guidance Start: 0.05, Guidance End: 0.95, Pixel Perfect: True, Control Mode: Balanced, Save Detected Map: True", Hires upscale: 2, Hires upscaler: Latent, Lora hashes:

ControlNet 插件的参数后面 Hires upscale 是"高分辨率修复放大倍数",这里是 2;Hires upscaler 是"高分辨率修复放大算法",这里是"Latent";再往后就是 LoRA 的哈希值和 SD 的版本号,这些都没有实际作用,可以忽略。这里的参数如下图所示。

> Guidance End: 0.95, Pixel Perfect: True, Control Mode: Balanced, Save Detected Map: True", Hires upscale: 2, Hires upscaler: Latent, Lora hashes: "ghibli_style_offset: 708c39069ba6, 绘画风Style under Jrpencil_V1: f2d2957529bb, 好friend友QQ: d2588cf32f50", TI hashes: "EasyNegative: c74b4e810b03, 坏图修复DeepNegativeV1.x_V175T: 54e7e4826d53", Pad conds: True, Version: v1.6.0

上述图片信息中的图片因为是通过文生图功能生成的,所以无法添加功能性的脚本,下面以人像图片为例,分别介绍 Ultimate SD upscale 放大脚本和 ADetailer 修复插件在 PNG 图片信息中的参数设置。

在"CLIP 终止层数"参数之后，就是脚本的参数设置，Ultimate SD upscale upscaler 是"放大算法"，这里是 R-ESRGAN 4x+，Ultimate SD upscale tile_width 和 Ultimate SD upscale tile_height 分别是"分块宽度"和"分块高度"，这里都是默认数值 512，Ultimate SD upscale mask_blur 和 Ultimate SD upscale padding 是放大脚本的蒙版填充，具体作用不大，保持默认即可；同时需要注意的是，脚本设置也无法直接发送到作图区，需要根据信息手动设置。

由于 ADetailer 和 Ultimate SD upscale 无法同时使用，所以这里用另一张使用了 ADetailer 的图片介绍参数设置，如上图所示。同样在"CLIP 终止层数"参数之后，就是 ADetailer 的参数设置，ADetailer model 是"After Detailer 模型"，这里是 face_yolov8n.pt，ADetailer confidence 是"检测模型置信阈值"，这里是 0.3，ADetailer dilate erode 是"蒙版图像膨胀"，这里是 4，ADetailer mask blur 是"重绘蒙版边缘模糊度"这里是 4，ADetailer denoising strength 是"局部重绘幅度"，这里是 0.3，ADetailer inpaint only masked 是"仅重绘蒙版内容"，这里是 True，表示开启；同时需要注意的是，ADetailer 设置也无法直接发送到作图区，需要根据信息手动设置。

综上所述可以看出，"提示词""迭代步数""采样方法""高分辨率修复""图片尺寸""随机数种子"这种简单的参数设置，可以一键发送到作图区域，不用再次调整。但是，"Stable Diffusion 模型""ADetailer""ControlNet""脚本"等一些复杂的设置，无法一键发送到作图区域，需要创作者根据图片信息手动设置调节。

第 3 章

掌握提示词撰写逻辑并理解底模与 LoRA 模型

认识 Stable Diffusion 提示词

在使用 SD 生成图像时，无论是用"文生图"模式，还是使用"图生图"模式，均需要填写提示词，可以说，如果不能正确书写提示词，几乎无法得到所需要的效果。因此，每一使用 SD 的创作者，都必须掌握提示词的正确撰写方法。

正面提示词

正面提示词用于描述创作者希望出现在图像中的元素，以及画质、画风。书写时要使用英文单词及标点，可以使用自然语言进行描述，也可以使用单个字词。

前者如 A girl walking through a circular garden，后者如 A girl, circular garden, walking。

从目前 SD 的使用情况来看，如果不是使用 SDXL 模型最新版本，最好不要使用自然语言进行描述，因为 SD 无法充分理解这样的语言。即便使用的是 SDXL 模型，也无法确保 SD 能正确理解中长句型。

正是因此，使用 SD 进行创作有一定的随机性，这也是许多创作者口中所说的"抽卡"，即通过反复生成图像来从中选择令自己满意的图像。

常用的方法之一是在"总批次数"与"单批数量"数值输入框中输入不同的数值，以获得若干张图像，如下图所示。

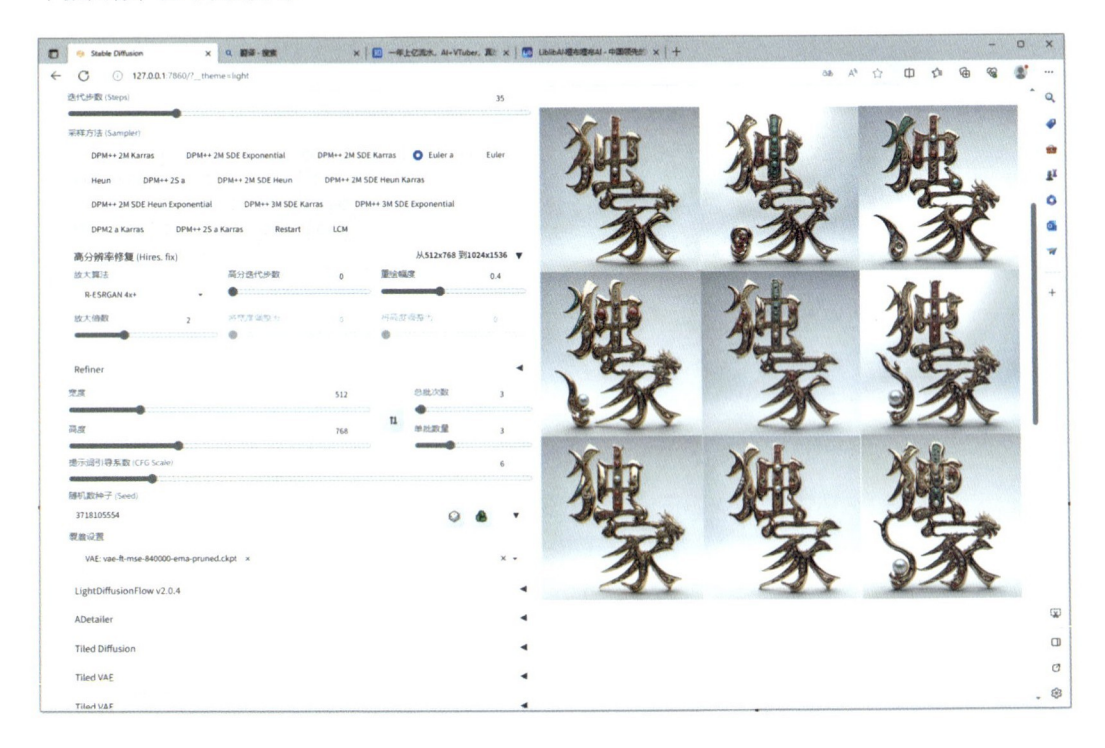

另一种方法是在"生成"按钮上单击鼠标右键，在弹出的快捷菜单中选择"无限生成"命令，以生成大量图像，直至选择"停止无限生成"命令，如下图所示。

正确书写正向提示词至关重要，这里不仅涉及书写时的逻辑，还涉及语法、权重等相关知识，这些内容将会在后面详细讲解。

负面提示词

简单地说，负面提示词有两大作用，第一是提高画面的品质，第二是通过描述不希望在画面中出现的元素或不希望画面具有的特点来完善画面。例如，为了让人物的长发遮盖耳朵，可以在负面提示词中添加 ear；为了让画面更像照片而不是绘画效果，可以在负面提示词中添加 painting,comic 等词条；为了让画面中的人不出现多手多脚，可以添加 too many fingers,extra legs 等词条。

例如，下左图为没有添加负面提示词的效果，下右图为添加负面提示词后的效果，可以看出，质量明显提高了。

相对而言，负面提示词的撰写逻辑比正面提示词简单许多，并可以使用以下两种方法。

使用 Embedding 模型

由于 Embedding 模型可以将大段的描述性提示词整合打包为一个提示词，并产生同等甚至更好的效果，因此 Embedding 模型常用于优化负面提示词。

比较常用的 Embedding 模型有以下几个。

（1）EasyNegative

EasyNegative 是目前使用率极高的一款负面提示词 Embedding 模型，可以有效提升画面的精细度，避免模糊、灰色调、面部扭曲等情况，适合动漫风底模，下载链接如下。

https://civitai.com/models/7808/easynegative

https://www.liblib.art/modelinfo/458a14b2267d32c4dde4c186f4724364

（2）Deep Negative_v1_75t

Deep Negative 可以提升图像的构图和色彩，减少扭曲的面部、错误的人体结构、颠倒的空间结构等情况的出现，无论是动漫风还是写实风的底模都适用，下载链接如下。

https://civitai.com/models/4629/deep-negative-v1x

https://www.liblib.art/modelinfo/9720584f1c3108640eab0994f9a7b678

（3）badhandv4

badhand 是一款专门针对手部进行优化的负面提示词 Embedding 模型，能够在对原画风影响较小的前提下，减少手部残缺、手指数量不对、出现多余手臂的情况，适合动漫风底模，如下图所示。

此模型下载链接如下。

https://civitai.com/models/16993/badhandv4-animeillustdiffusion

https://www.liblib.art/modelinfo/388589a91619d4be3ce0a0d970d4318b

（4）Fast Negative

Fast Negative 是一款非常强大的负面提示词 Embedding 模型，它打包了常用的负面提示词，能在对原画风和细节影响较小的前提下提升画面精细度，动漫风和写实风的底模都适用，下载链接如下。

https://civitai.com/models/71961/fast-negative-embedding

https://www.liblib.art/modelinfo/5c10feaad1994bf2ae2ea1332bc6ac35

使用通用提示词

生成图像时，可以使用下面展示的通用负面提示词。

nsfw,ugly,duplicate,mutated hands, (long neck), missing fingers, extra digit, fewer digits, bad feet,morbid,mutilated,tranny,poorly drawn hands,blurry,bad anatomy,bad proportions,extra limbs, cloned face,disfigured,(unclear eyes),lowers, bad hands, text, error, cropped, worst quality, low quality, normal quality, jpeg artifacts, signature, watermark, username, bad feet, text font ui, malformed hands, missing limb,(mutated hand and finger:1.5),(long body:1.3),(mutation poorly drawn:1.2),malformed mutated, multiple breasts, futa, yaoi,gross proportions, (malformed limbs), NSFW, (worst quality:2),(low quality:2), (normal quality:2), lowres, normal quality, (grayscale), skin spots, acnes, skin blemishes, age spot, (ugly:1.331), (duplicate:1.331), (morbid:1.21), (mutilated:1.21), (tranny:1.331), mutated hands, (poorly drawn hands:1.5), blurry, (bad anatomy:1.21), (bad proportions:1.331), extra limbs, (disfigured:1.331), (missing arms:1.331), (extra legs:1.331), (fused fingers:1.61051), (too many fingers:1.61051), (unclear eyes:1.331), lowers, bad hands, missing fingers, extra digit,bad hands, missing fingers, (((extra arms and legs)))

正面提示词结构

在撰写正面提示词时，可以参考下面的通用模板。

质量 + 主题 + 主角 + 环境 + 气氛 + 镜头 + 风格化 + 图像类型

这个模板的组成要素解释如下。

» 质量：即描述画面的质量标准。
» 主题：要描述出想要绘制的主题，如珠宝设计、建筑设计和贴纸设计等。
» 主角：既可以是人，也可以是物，对其大小、造型和动作等进行详细描述。
» 环境：描述主角所处的环境，如室内、丛林中和山谷中等。
» 气氛：包括光线，如逆光、弱光，以及天气，如云、雾、雨、雪等。
» 镜头：描述图像的景别，如全景、特写及视角水平角度类型。
» 风格化：描述图像的风格，如中式、欧式等。
» 图像类型：包括图像是插画还是照片，是像素画还是3D渲染效果等信息。

在具体撰写时，可以根据需要选择一个或几个要素来进行描述。

同时需要注意，避免使用没有实际意义的词汇，如紧张的气氛、天空很压抑等。

在提示词中可以用逗号分隔词组，且有一定的权重排序功能，逗号前权重高，逗号后权重低。

因此，提示词通常应该写为如下样式。

图像质量 + 主要元素（人物，主题，构图）+ 细节元素（饰品，特征，环境细节）

若想明确某主体，应当使其生成步骤靠前，将生成步骤数加大，词缀排序靠前，将权重提高。

画面质量→主要元素→细节

若想明确风格，则风格词缀应当优于内容词缀。

画面质量→风格→元素→细节

质量提示词

质量就是图片整体看起来如何，相关的指标有分辨率、清晰度、色彩饱和度、对比度和噪声等，高质量的图片会在这些指标上有更好的表现。正常情况下，我们当然想生成高质量的图片。

常见的质量提示词：best quality（最佳质量）、masterpiece（杰作）、ultra detailed（超精细）、UHD（超高清）、HDR、4K、8K。

需要特别指出的是，针对目前常见常用 SD1.5 版本模型，在提示词中添加质量词是有必要的。如果使用的是较新的 SDXL 版本模型，则由于质量提示词对生成图片的影响很小，因此可以不必添加，因为 SDXL 模型默认会生成高质量的图片。

而 SD1.5 版本的模型在训练时使用了各种不同质量的图片，所以要通过质量提示词告诉模型优先使用高质量数据来生成图像。

下面展示的两张图像使用了完全相同的底模、生成参数，唯一的区别是，在生成下右图展示的图像时使用了质量提示词 best quality,4K,UHD,best quality,masterpiece，而生成下左图展示的图像时没有使用质量提示词。可以看出，右图质量明显高于左图。

掌握提示词权重

在撰写提示词，可以通过调整提示词中单词的权重来影响图像中局部图像的效果，其方法通常是使用不同的符号与数字，具体如下所述。

用"{}"调整权重

如果为某个单词添加 {}，则可以为其增加 1.05 倍权重，以增强其在图像中的表现。

用"( )"调整权重

如果为某个单词添加（ ），可以为其增加 1.1 倍权重。

用"(( ))"调整权重

如果使用双括号，则可以叠加权重，使单词的权重提升为 1.21 倍（1.1×1.1），但最多可以叠加使用 3 个双括号，即 1.1×1.1×1.1=1.331 倍。

例如，当以 1girl,shining eyes,pure girl,(full body:0.5),luminous petals,short hair,Hidden in the light yellow flowers,Many flying drops of water,Many scattered leaves,branch,angle,contour deepening,cinematic angle 为提示词生成图像时，可以得到如下左图所示的图像。但如果为 Many flying drops of water 叠加 3 个双括号，则可以得到如下右图所示的图像，可以看出，水珠明显增多。

用"[ ]"调整权重

前面介绍的符号均为添加权重,如果要减少权重,可以使用中括号,以减少该单词在图像中的表现。当添加 [] 后,可以将单词本身的权重降低 0.9,同样最多可以用 3 个。

例如,下图为 Many flying drops of water 叠加三个 [] 后得到的效果,可以看出水珠明显减少了。

用":"调整权重

除了使用以上括号,还可以使用冒号加数字的方法来修改权重。

例如,(fractal art:1.6) 就是指为 fractal art 添加 1.6 倍权重。

在实际应用时,权重数值可以小到 0.1,但通常不建议大过 1.5,因为当权重数值过大时,图像较大可能会出现崩坏与乱码。

理解提示词顺序对图像效果的影响

在默认情况下，提示词中越靠前的单词权重越高，这意味着，当创作者发现在提示词中某一些元素没有体现出来时，可以依靠两种方法来使其出现在图像中。

第一种方法是使用前面曾经讲过的叠加括号的方式。

第二种方法是将此单词移动至句子前面。

例如，当以提示词 1girl,shining eyes,pure girl,(full body:0.5),scattered petals,flower,scattered leaves,branch,angle,contour deepening,cinematic angle,Exquisite embroidered in gorgeous Hanfu,Blue printed fLoral cloth umbrella,red chinese bag,dragon and phoenix patterns 生成图像时，得到的效果如下左图所示，可以看到图像中并没有出现笔者在句子末尾添加的 red chinese bag,dragon and phoenix patterns（红色中国风格包、龙凤图案）。

但如果将 red chinese bag,dragon and phoenix patterns 移于句子的前部，即提示词为 1girl,red chinese bag,dragon and phoenix patterns,shining eyes,pure girl,(full body:0.5),scattered petals,flower,scattered leaves,branch,angle,contour deepening,cinematic angle,Exquisite embroidered in gorgeous Hanfu,Blue printed fLoral cloth umbrella，再生成图像时，图像中则会出现红色的包，如下右图所示。

理解并使用 Stable Diffusion 大模型模型

什么是大模型模型

打开 SD 后，最左上方就是 SD 大模型模型（也称为主模型、大模型、基础模型）下拉列表框，由此不难看出其重要性。

在人工智能的深度学习领域，模型通常是指，具有数百万到数十亿参数的神经网络模型。这些模型需要大量的计算资源和存储空间来训练和存储，旨在提供更强大、更准确的性能，以应对更复杂、更庞大的数据集或任务。

简单来说，SD 大模型模型就是通过大量训练，使 AI 掌握各类图片的信息特征，这些海量信息汇总沉淀下来的文件包，就是大模型模型。

由于大模型模型文件里有大量信息，因此，通常我们在网上下载的大模型模型文件都非常大，下面展示的是笔者使用的大模型模型文件，可以看到，最大的文件有 7GB，小一些文件也有 4GB。

文件名	大小	日期	类型
Anything_jisanku.ckpt	7,523,104 KB	2023/10/16 3:16	CKPT 文件
chilloutmix_.safetensors	7,522,730 KB	2023/10/16 1:31	SAFETENSORS...
影视游戏概念模型.safetensors	7,522,730 KB	2023/10/16 1:48	SAFETENSORS...
插画海报风格.safetensors	7,522,720 KB	2023/10/16 5:52	SAFETENSORS...
SDXL_base_1.0.safetensors	6,775,468 KB	2023/11/8 11:25	SAFETENSORS...
SDXL DreamShaper XL1.0_alpha2 (xl1.0).safetensors	6,775,458 KB	2023/10/15 20:08	SAFETENSORS...
SDXL_juggernautXL_version5.safetensors	6,775,451 KB	2023/10/5 0:06	SAFETENSORS...
SDXL sdxlNijiSpecial_sdxlNijiSE.safetensors	6,775,435 KB	2023/10/15 19:51	SAFETENSORS...
leosamsHelloworldSDXLModel_helloworldSDXL10.safetensors	6,775,433 KB	2023/10/5 12:34	SAFETENSORS...
SDXL leosamsHelloworldSDXLModel_helloworldSDXL10.safetensors	6,775,433 KB	2023/10/15 19:51	SAFETENSORS...
SDXL dynavisionXLAllInOneStylized_release0534bakedvae.safetensors	6,775,432 KB	2023/10/15 19:55	SAFETENSORS...
SDXL Microsoft Design 微软萌彩风格_v1.1.safetensors	6,775,431 KB	2023/10/15 20:08	SAFETENSORS...
SDXL_refiner_vae.safetensors	5,933,577 KB	2023/10/15 22:01	SAFETENSORS...
建筑 realistic-archi-sd15_v3.safetensors	5,920,999 KB	2023/10/16 5:56	SAFETENSORS...
2.5D: protogenX34Photorealism_1.safetensors	5,843,978 KB	2023/10/16 0:17	SAFETENSORS...
建筑 aargArchitecture_v10.safetensors	5,680,582 KB	2023/10/16 18:29	SAFETENSORS...
perfectWorld_perfectWorldBakedVAE.safetensors	5,603,625 KB	2023/10/26 1:33	SAFETENSORS...
AbyssOrangeMix2_nsfw.safetensors	5,440,238 KB	2023/10/16 2:09	SAFETENSORS...

掌握大模型模型的应用特点

需要特别指出的是，大模型模型文件并不是保存的一张张的图片，这是许多初学者的误区。大模型模型文件保存的是图片的特征信息数据，理解这一点以后，才会明白为什么有些大模型模型长于绘制室内效果图，有些长于绘制人像，有些长于绘制风光。

所以这就涉及大模型模型的应用特点，这也是一个 AI 创作者需要安装数百 GB 的大模型模型的原因。

因为只有这样，才可以在绘制不同领域的图像时，调用不同的大模型模型。

这也是 SD 与 Midjourney（MJ）最大的不同之处，我们可以简单地将 MJ 理解为一个通用大模型，只不过这个大模型不保存在本地，而 SD 由无数个分类大模型模型构成，想绘制哪一种图像，就需要调用相对应的大模型模型。

下面展示的是使用同样的提示词、参数，在仅更换大模型模型的情况下，绘制出来的图像，从中可以直观地感觉到大模型模型对图像的影响。

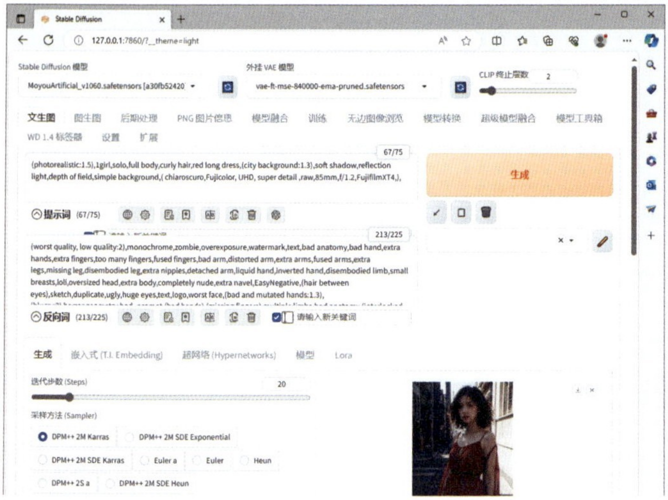
Stable Diffusion
127.0.0.1:7860/?__theme=light
Stable Diffusion 模型
MoyouArtificial_v1060.safetensors [a30fb52420]
外挂 VAE 模型
vae-ft-mse-840000-ema-pruned.safetensors
CLIP 终止层数
2
文生图
图生图
后期处理
PNG 图片信息
模型融合
训练
无边图像浏览
模型转换
超级模型融合
模型工具箱
WD 1.4 标签器
设置
扩展
67/75
(photorealistic:1.5),1girl,solo,full body,curly hair,red long dress,(city background:1.3),soft shadow,reflection light,depth of field,simple background,(chiaroscuro,Fujicolor, UHD, super detail ,raw,85mm,f/1.2,FujifilmXT4,),
生成
提示词 (67/75)
213/225
(worst quality, low quality:2),monochrome,zombie,overexposure,watermark,text,bad anatomy,bad hand,extra hands,extra fingers,too many fingers,fused fingers,bad arm,distorted arm,extra arms,fused arms,extra legs,missing leg,disembodied leg,extra nipples,detached arm,liquid hand,inverted hand,disembodied limb,small breasts,loli,oversized head,extra body,completely nude,extra navel,EasyNegative,(hair between eyes),sketch,duplicate,ugly,huge eyes,text,logo,worst face,(bad and mutated hands:1.3),
反向词 (213/225)
请输入新关键词
生成
嵌入式 (T.I. Embedding)
超网络 (Hypernetworks)
模型
Lora
迭代步数 (Steps)
20
采样方法 (Sampler)
DPM++ 2M Karras
DPM++ 2M SDE Exponential
DPM++ 2M SDE Karras
Euler a
Euler
Heun
DPM++ 2S a
DPM++ 2M SDE Heun

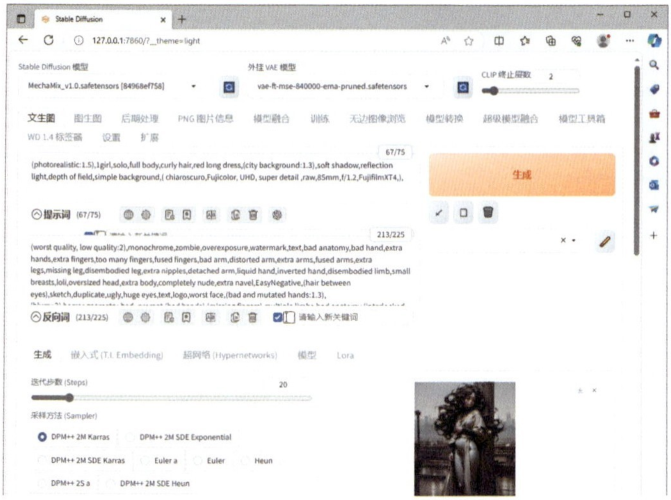
Stable Diffusion
127.0.0.1:7860/?__theme=light
Stable Diffusion 模型
MechaMix_v1.0.safetensors [84968ef758]
外挂 VAE 模型
vae-ft-mse-840000-ema-pruned.safetensors
CLIP 终止层数
2
文生图
图生图
后期处理
PNG 图片信息
模型融合
训练
无边图像浏览
模型转换
超级模型融合
模型工具箱
WD 1.4 标签器
设置
扩展
67/75
(photorealistic:1.5),1girl,solo,full body,curly hair,red long dress,(city background:1.3),soft shadow,reflection light,depth of field,simple background,(chiaroscuro,Fujicolor, UHD, super detail ,raw,85mm,f/1.2,FujifilmXT4,),
生成
提示词 (67/75)
213/225
(worst quality, low quality:2),monochrome,zombie,overexposure,watermark,text,bad anatomy,bad hand,extra hands,extra fingers,too many fingers,fused fingers,bad arm,distorted arm,extra arms,fused arms,extra legs,missing leg,disembodied leg,extra nipples,detached arm,liquid hand,inverted hand,disembodied limb,small breasts,loli,oversized head,extra body,completely nude,extra navel,EasyNegative,(hair between eyes),sketch,duplicate,ugly,huge eyes,text,logo,worst face,(bad and mutated hands:1.3),
反向词 (213/225)
请输入新关键词
生成
嵌入式 (T.I. Embedding)
超网络 (Hypernetworks)
模型
Lora
迭代步数 (Steps)
20
采样方法 (Sampler)
DPM++ 2M Karras
DPM++ 2M SDE Exponential
DPM++ 2M SDE Karras
Euler a
Euler
Heun
DPM++ 2S a
DPM++ 2M SDE Heun

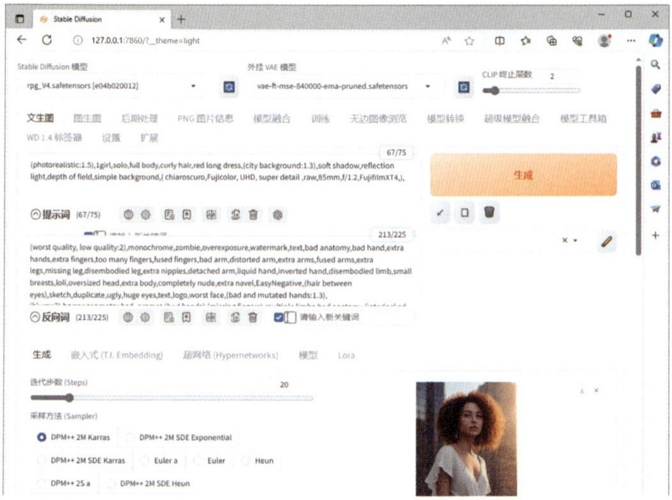
Stable Diffusion
127.0.0.1:7860/?__theme=light
Stable Diffusion 模型
rpg_V4.safetensors [e04b020012]
外挂 VAE 模型
vae-ft-mse-840000-ema-pruned.safetensors
CLIP 终止层数
2
文生图
图生图
后期处理
PNG 图片信息
模型融合
训练
无边图像浏览
模型转换
超级模型融合
模型工具箱
WD 1.4 标签器
设置
扩展
67/75
(photorealistic:1.5),1girl,solo,full body,curly hair,red long dress,(city background:1.3),soft shadow,reflection light,depth of field,simple background,(chiaroscuro,Fujicolor, UHD, super detail ,raw,85mm,f/1.2,FujifilmXT4,),
生成
提示词 (67/75)
213/225
(worst quality, low quality:2),monochrome,zombie,overexposure,watermark,text,bad anatomy,bad hand,extra hands,extra fingers,too many fingers,fused fingers,bad arm,distorted arm,extra arms,fused arms,extra legs,missing leg,disembodied leg,extra nipples,detached arm,liquid hand,inverted hand,disembodied limb,small breasts,loli,oversized head,extra body,completely nude,extra navel,EasyNegative,(hair between eyes),sketch,duplicate,ugly,huge eyes,text,logo,worst face,(bad and mutated hands:1.3),
反向词 (213/225)
请输入新关键词
生成
嵌入式 (T.I. Embedding)
超网络 (Hypernetworks)
模型
Lora
迭代步数 (Steps)
20
采样方法 (Sampler)
DPM++ 2M Karras
DPM++ 2M SDE Exponential
DPM++ 2M SDE Karras
Euler a
Euler
Heun
DPM++ 2S a
DPM++ 2M SDE Heun

在前面展示的 3 张图像中，最上方的图像使用的大模型模型为 MoyouArtificial_v1060，此大模型模型专门用于绘制写实类人像。因此，从右侧生成的图像可以看出来，成品效果非常真实。

在生成中间的图像时，使用的大模型模型为 MechaMix_v1.0，此大模型模型用于生成机器类 3D 渲染效果图像，因此，右侧展示的生成图像具有非常明显的 3D 风格。

生成最下方的图像时，使用的大模型模型是 RPG V4，这个大模型模型专注于生成中世纪和角色扮演游戏中的角色属性和元素，因此，从右侧展示的图像也能看出来，图像有明显的游戏块面感。

理解并使用 LoRA 模型

认识 LoRA 模型

LoRA（Low-Rank Adaptation），是一种可以由爱好者定制训练的小模型，可以理解为大模型模型的补充或完善插件，能在不修改大模型模型的前提下，利用少量数据训练出一种独特的画风、IP 形象、景物，是掌握 SD 的核心所在。

由于其训练是基于大模型模型的，因此数据量比较低，文件也比较小，下面展示的是笔者使用的部分 LoRA 模型，可以看到，小的模型只有 30MB，大的也不过 150MB，与大模型模型动辄几 GB 的文件相比，可以说区别巨大。

名称	大小	修改日期	类型
lucyCyberpunk_35Epochs.safetensors	147,534 KB	2023/10/16 23:03	SAFETENSORS 文件
genshinImpact_2原神风景.safetensors	110,705 KB	2023/10/16 22:30	SAFETENSORS 文件
中国龙chineseDragonChinese_v20.safetensors	85,942 KB	2023/10/16 22:10	SAFETENSORS 文件
epiNoiseoffset_v2.safetensors	79,571 KB	2023/10/16 23:00	SAFETENSORS 文件
万叶服装kazuhaOfficialCostumeGenshin_v10.safetensors	73,848 KB	2023/10/16 22:13	SAFETENSORS 文件
chilloutmixss_xss10.safetensors	73,845 KB	2023/10/16 23:00	SAFETENSORS 文件
Euan Uglow style.safetensors	73,844 KB	2023/10/4 23:53	SAFETENSORS 文件
chineseArchitecturalStyleSuzhouGardens_suzhouyuanlin...	73,843 KB	2023/10/16 22:34	SAFETENSORS 文件
xiantiao_style.safetensors	73,842 KB	2023/10/4 23:44	SAFETENSORS 文件
羽·翅膀·摄影_v1.0.safetensors	73,841 KB	2023/11/2 22:38	SAFETENSORS 文件
arknightsTexasThe_v10.safetensors	73,840 KB	2023/10/16 23:01	SAFETENSORS 文件
ghibliStyleConcept_v40动漫风景.safetensors	73,839 KB	2023/10/16 22:27	SAFETENSORS 文件
CyanCloudyAnd_v20苍云山.safetensors	46,443 KB	2023/10/16 22:31	SAFETENSORS 文件
chineseStyle_v10中国风建筑.safetensors	43,904 KB	2023/10/16 22:31	SAFETENSORS 文件
gachaSplashLORA_gachaSplash31.safetensors	36,991 KB	2023/10/16 22:59	SAFETENSORS 文件
eddiemauroLora2 (Realistic).safetensors	36,987 KB	2023/10/5 11:40	SAFETENSORS 文件
vegettoDragonBallZ_v10贝吉特龙珠.safetensors	36,983 KB	2023/10/16 22:31	SAFETENSORS 文件
苗族服装HmongCostume_Cyan.safetensors	36,983 KB	2023/10/16 22:13	SAFETENSORS 文件
龙ironcatlora2Dragons_v10.safetensors	36,978 KB	2023/10/16 22:13	SAFETENSORS 文件

使用 LoRA 模型时需要注意，有些 LoRA 模型的作者会在训练时加上一些强化认知的触发词，即只有在提示词中添加这一触发词，才能够激活 LoRA 模型，使其优化大模型模型生成的图像，因此在下载模型时需要注意其触发词。

有的模型没有触发词，这个时候直接调用即可，模型会自动触发控图效果。

与大模型模型一样，为了让各位读者直观感受 LoRA 模型的作用，下面使用同样的提示词、参数，展示使用及不使用，以及使用不同的 LoRA 模型时得到的图像。

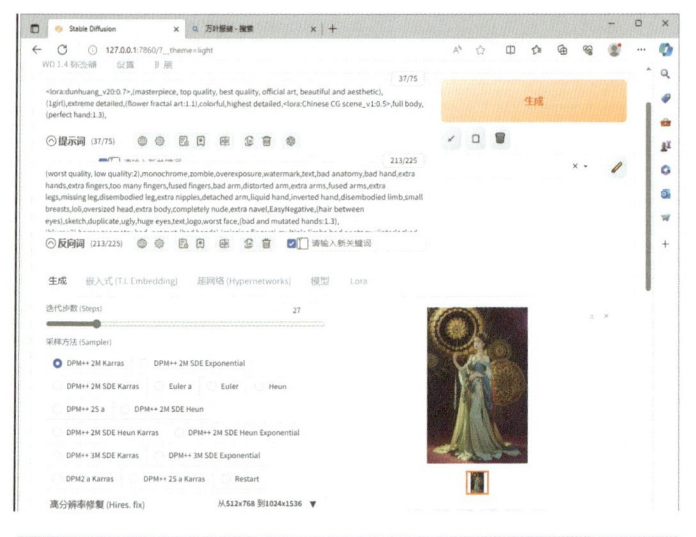

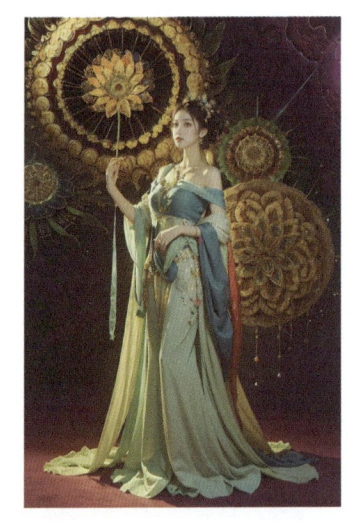

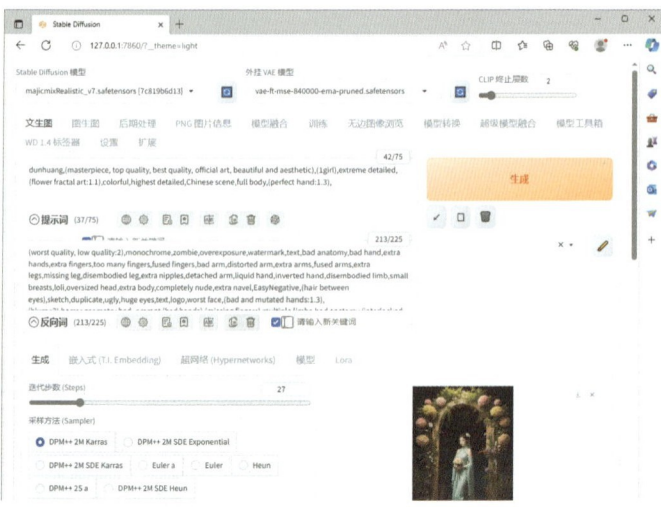

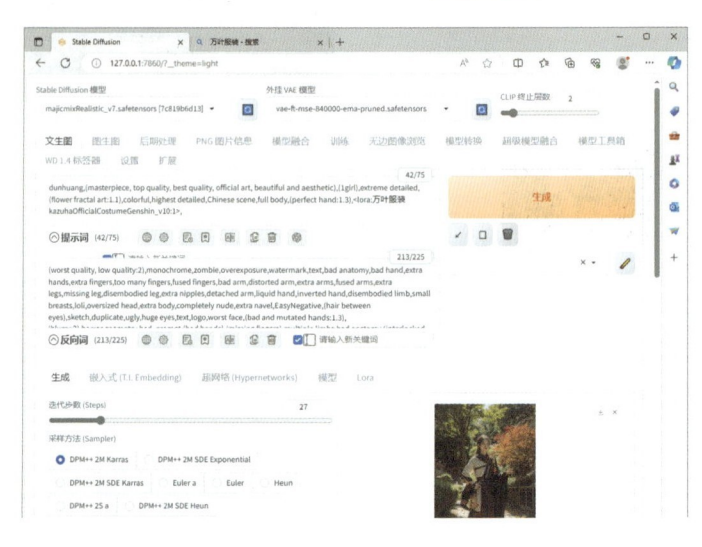

第3章 掌握提示词撰写逻辑并理解底模与LoRA模型 | 57

在前面展示的三张图像中，最上方的图像使用的 LoRA 模型为 dunhuang_v20，此模型专门用于绘制敦煌风格人像，因此，从右侧生成的图像可以看出，成品图像的人物身着华丽的敦煌服饰，且效果非常真实。

在生成中间的图像时，没有使用 LoRA 模型，仅仅是在提示词中添加了与敦煌有关的词条，因此效果并不理想。

生成最下方图像时，使用的 LoRA 模型是 kazuhaOfficialCostumeGenshin_v10，这个模型专注于模拟原神游戏中的万叶服装元素，因此，从右侧展示的图像也能看出图像有明显的原神风格。

叠加 LoRA 模型

与大模型模型不同，LoRA 模型可以叠加使用，并通过权重参数使生成的图像同时有几个 LoRA 模型的效果。

例如，在下面展示的界面中，笔者使用的提示词为 1girl at coffee shop,<Lora: 烈焰战魂_Raging flames_V1:1.8>,(driver's helmet:1.2),transparent helmet,(front view:1.4),(masterpiece),(best quality:1.2),(photorealistic:1.4),future technology,science fiction,future mecha,streamlined construction,internal integrated circuit,red and black,panorama,coffee house,bust,upper_body,clean face,clean skin,<Lora: 机甲 - 未来科技机甲面罩 _v1.0:0.4>。

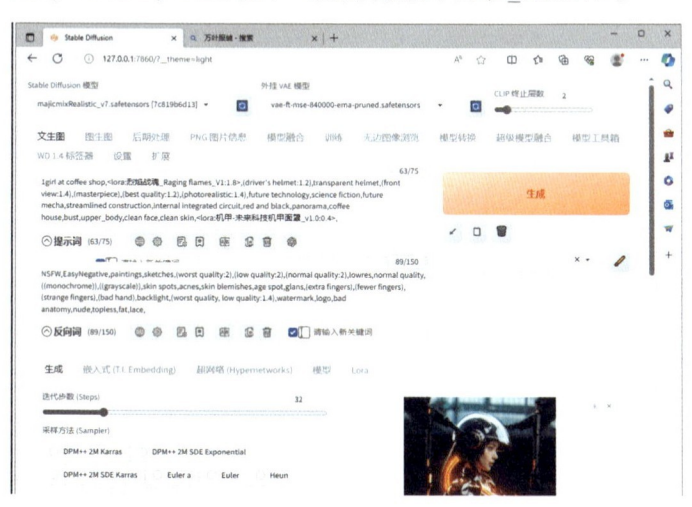

为了使机器人戴上机甲头盔的同时身体上还有火焰，这里使用了名为"烈焰战魂 _Raging flames_V1"与"机甲 - 未来科技机甲面罩 _v1.0"的两个 LoRA 模型，并通过权重参数进行了调整。

下面展示当使用不同权重数据时图像的变化。

Lora: 烈焰战魂 _Raging flames_V1:1.0
Lora: 机甲 - 未来科技机甲面罩 _v1.0:0.4

Lora: 烈焰战魂 _Raging flames_V1:1.0
Lora: 机甲 - 未来科技机甲面罩 _v1.0:0.6

Lora: 烈焰战魂 _Raging flames_V1:1.0
Lora: 机甲 - 未来科技机甲面罩 _v1.0:0.8

Lora: 烈焰战魂 _Raging flames_V1:1.0
Lora: 机甲 - 未来科技机甲面罩 _v1.0:1.0

Lora: 烈焰战魂 _Raging flames_V1:1.5
Lora: 机甲 - 未来科技机甲面罩 _v1.0:0.6

Lora: 烈焰战魂 _Raging flames_V1:1.6
Lora: 机甲 - 未来科技机甲面罩 _v1.0:0.4

Lora: 烈焰战魂 _Raging flames_V1:1.8
Lora: 机甲 - 未来科技机甲面罩 _v1.0:0.4

Lora: 烈焰战魂 _Raging flames_V1:2.0
Lora: 机甲 - 未来科技机甲面罩 _v1.0:0.4

Lora: 烈焰战魂 _Raging flames_V1:2.0
Lora: 机甲 - 未来科技机甲面罩 _v1.0:0.6

通过上面展示的系列图像可以看出，权重数值并非均等影响生成火焰的"Lora: 烈焰战魂_Raging flames_V1"，以及生成机甲面罩的"Lora: 机甲 - 未来科技机甲面罩_v1.0"，因此，在实战中创作者要自行尝试不同的数据，以获得令人满意的整合效果。

使用 LoRA 模型的方法

与选择大模型模型只需在界面右上角的"模型"下拉列表中选择模型不同，要使用 LoRA 模型，需要切换到 LoRA 选项卡，如下图所示。

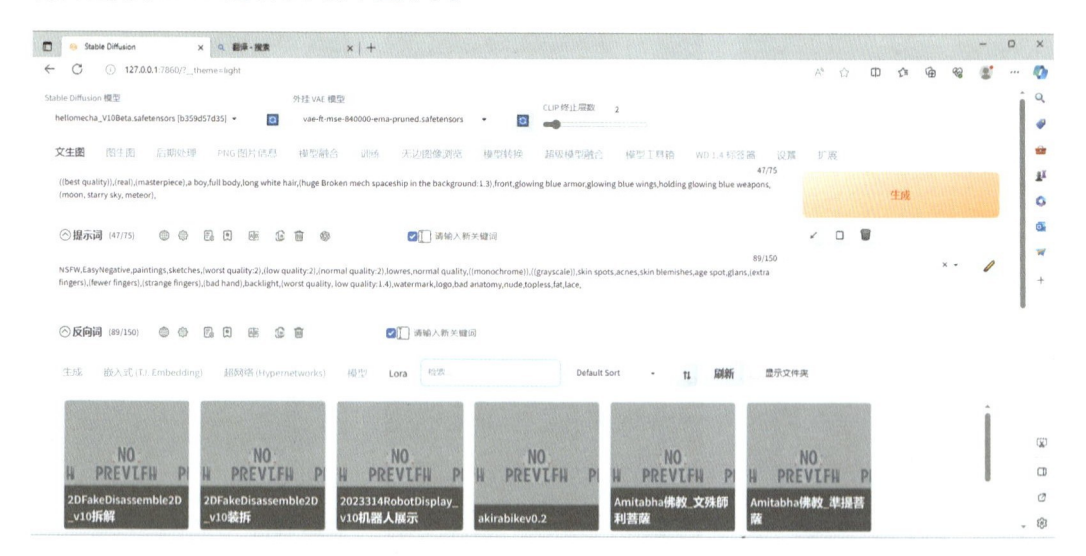

在此页面中可以看到许多不同的 LoRA 模型，有些模型有封面图，有些模型没有封面图，如下图所示。

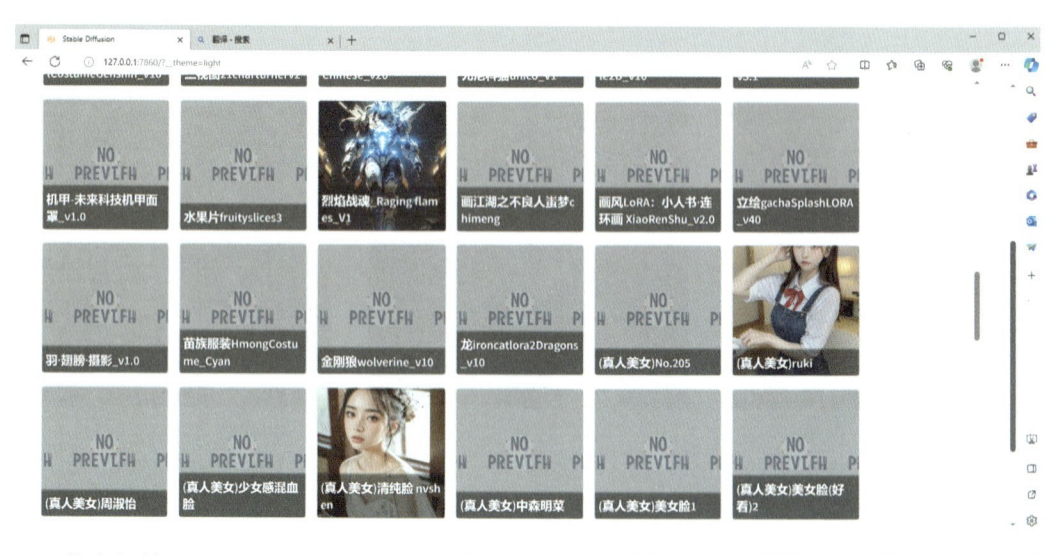

将光标放在正向提示词的文本输入框中，单击要使用的 LoRA 模型，则提示词会自动添加一个 LoRA 模型提示词，如 front,glowing blue armor,glowing blue wings,holding glowing blue weapons,(moon, starry sky, meteor),<Lora: 烈焰战魂 _Raging flames_V1:1>。

其中，<Lora: 烈焰战魂 _Raging flames_V1:1> 就是笔者通过单击添加的 LoRA 模型，其初始权重为 1，创作者可以根据需要修改。

安装大模型及 LoRA 模型

模型的安装大致相同，都需要先将模型文件下载到本地，再将其放置到 Stable Diffusion 本地文件对应的文件夹中，在 WebUI 中刷新即可使用。

（1）将需要的模型下载到计算机中，这里下载的是 AWPainting_v1.2 大模型，如下图所示。

（2）将 AWPainting_v1.2 模型文件剪切到 Stable Diffusion WebUI 文件夹下 models 文件夹中 Stable-diffusion 文件夹中，这里的路径：D:\Stable Diffusion\sd-webui-aki-v4.4\models\Stable-diffusion，如下图所示。

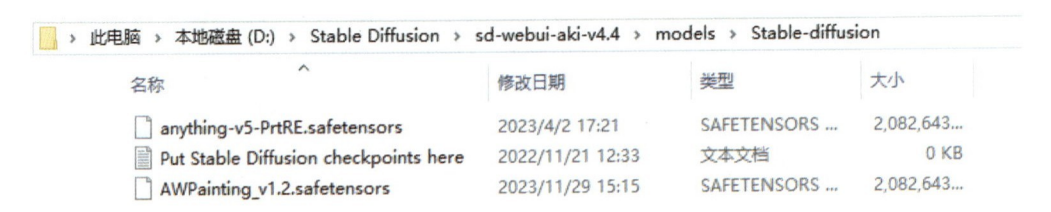

（3）打开 Stable Diffusion WebUI 页面，单击"Stable Diffusion 模型"下拉列表框右边的 ◨ 按钮，刷新 SD 模型，就会在"Stable Diffusion 模型"下拉列表框中显示刚导入的 AWPainting_v1.2 模型，如下图所示。

（4）如果要安装 LoRA 模型，则要向 models\LoRA 文件夹中复制了新的 LoRA 模型，然后在 SD 界面中的 LoRA 选项卡中单击"刷新"按钮，就可以查找到新加入的 LoRA 模型。

第 4 章

掌握常用 ControlNet 模型精准控制图像方法

认识 ControlNet

ControlNet 是一款专为 SD 设计的插件，其核心在于采用了 Conditional Generative Adversarial Networks（条件生成对抗网络）技术为用户提供更为精细的图像生成控制，这意味着，用户能够更加精准地调整和控制生成的图像，以达到理想的视觉效果。

在 ControlNet 出现之前，创作者在使用 SD 生成图像时，无法预知生成的图像内容。而随着 ControlNet 的出现，创作者得以通过其精准的控制功能，规范生成的图像的细节，如控制人物姿态、控制图片细节等。

因此可以说，ControlNet 的出现，使 SD 成为 AI 图像生成领域中的两种选择之一，为图像生成带来了更多的可控性、精确度，使 AI 图像具有了更广泛的商业应用前景。

安装方法

一般来说，如果使用的是秋叶整合包，ControlNet 的插件和模型应该已经内置安装好了，但如果采用的是手动安装，可以参考以下具体安装方法。

正确使用 ControlNet 需要分别安装 ControlNet 插件和 ControlNet 模型，下面将逐一进行介绍。

安装插件

首先是最简单的自动下载安装。WebUI 的扩展选项页已经集成了市面上大多数插件的安装链接，点击"扩展"选项，在扩展选项页面点击"可下载"选项，在可下载页面点击"加载扩展列表"按钮，在搜索框输入插件名称"sd-webui-controlnet"即可找到对应插件，最后点击右侧"安装"按钮即可完成安装，如下图所示。

第二种方法是从 GitHub 网址进行安装。点击"扩展"选项，在扩展选项页面点击"从网址安装"选项，在扩展的 git 仓库网址文本输入框中输入 ControlNet 的插件包地址"https://github.com/Mikubill/sd-webui-controlnet"，点击"安装"按钮即可自动下载和安装好 ControlNet 插件，如下页上图所示。

当插件安装完成后，可以在"扩展"选项中的"已安装"页面查看和控制插件是否启用，插件必须勾选才会启用，每次修改后都要点击应用并重新加载 WebUI 界面才会生效，如下图所示。

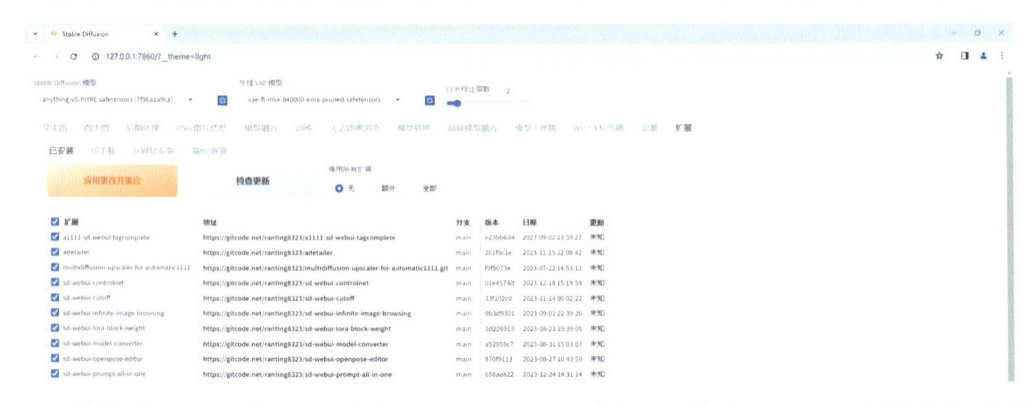

重新加载 WebUI 界面后，在文生图及图生图页面底部即可找到 ControlNet 插件选项，如下图所示。

安装模型

插件安装完成后，接下来还需要安装用于控制绘图的 ControlNet 模型。ControlNet 提供了多种不同的控图模型，完整模型大小在 1.4G 左右，半精度模型大小在 700M 左右，如下页上图所示。

官方 ControlNet 模型地址：https://huggingface.co/lllyasviel/ControlNet-v1-1/tree/main

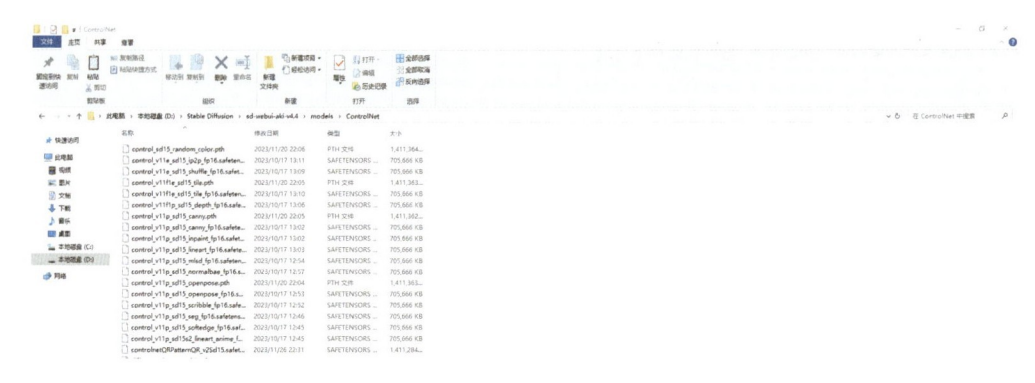

下载完模型后，将模型放在"sd-webui-aki-v4.4\models\ControlNet"文件夹中，这样和底模、LoRA 模型等其他模型文件放在一起，更方便后期进行管理和维护。

在 ControlNet 升级至 V1.1 版本后，为了提升使用的便利性和管理的规范性，作者对所有的标准 ControlNet 模型按照标准模型命名规则进行了重命名。下面这张图详细讲解了模型名称包含的当前模型的版本、类型等信息。

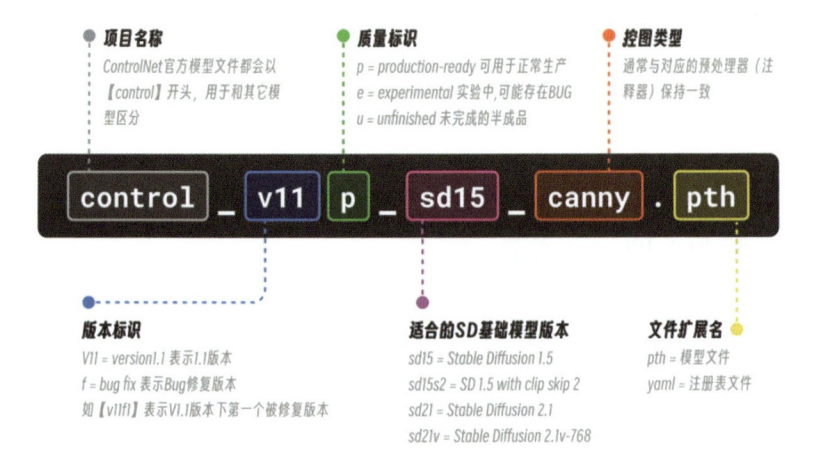

ControlNet 关键参数解析

启用选项

只有勾选"启用"选项后，在点击"生成"按钮进行绘图时，ControlNet 模型的控图效果才能生效，一般上传图像后，ControlNet 会自动勾选上。如果设置了 ControlNet 插件后，在绘图时没有生效，可能是因为这里的按钮之前取消后忘记勾选了。

低显存模式

低显存模式是为显卡内存不到 8GB 或更小的用户定制的功能，开启后虽然整体绘图速度会变慢，但显卡支持的绘图上限将得到提升。如果显卡内存只有 4GB 或更小，建议勾选。

完美像素和预处理器分辨率

要理解"完美像素"选项，必须首先要理解 Preprocessor Resolution 预处理器分辨率，该项用于修改预处理器输出预览图的分辨率，当预处理检测图和最终图像尺寸不一致时会导致绘制图像受损，生成的图像效果会很差。

如果每次都通过手动设置"预处理器分辨率"会使操作非常复杂，而"完美像素模式"选项作用就是解决此问题，当勾选"完美像素模式"后，"预处理器分辨率"选项会消失，此时预处理器就会自动适配最佳分辨率，实现最佳控图效果。

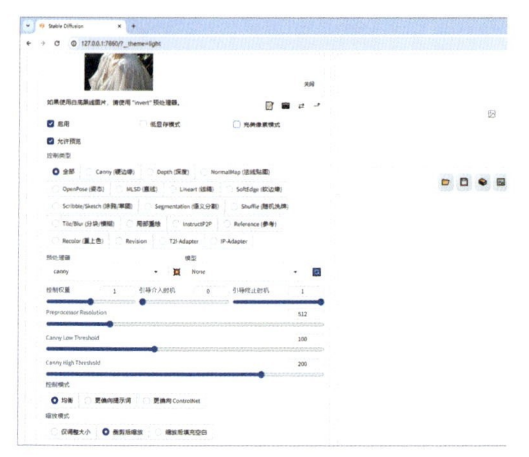

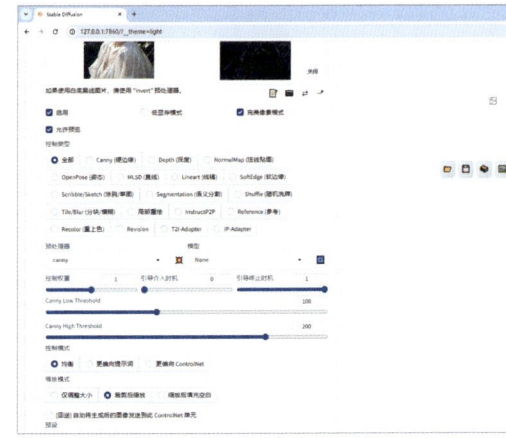

所以当使用ControlNet插件时，"完美像素模式"选项直接勾选即可。

预览窗口

"允许预览"选项同样是必选的功能项，开启预览窗口后才能看到预处理器执行后的预览图。如下图所示。

控制类型

控制类型用于选择不同的ControlNet模型，如下页上图所示。具体控制类型会在后面的内容中详细介绍。

虽然，这些控制类型看上去不少，但实际上对于绝大多数创作者来说，常用的仅仅是一小部分，因此学习的难度也不算太大。

控制权重

该参数用于设置 ControlNet 在绘图过程中的控制幅度，数值越大，则 ControlNet 对生成图像的控图效果越明显，换言之，SD 自由发挥的空间越小。下左图是原图，右图是权重从 0 到 1.6 的生成图，可以看出，当权重上升时，生成的新图与参考图相似度在不断升高。

引导介入 / 终止时机

该参数用于设置 ControlNet 在整个迭代步数中作用的开始步数和结束步数。例如，如果整个迭代步数为 30 步，设置 ControlNet 的控图引导介入时机为 0.1，引导终止时机为 0.9，则表示 ControlNet 的控图引导从第 3 步开始，到 27 步结束。

如果要利用 ControlNet 严格控制形状，可以将引导介入时机设置为 0，终止时机设置为 1，否则可以设置一个其他数值，以便 SD 有自由发挥的空间，下图展示的是笔者生成的不同介入时机与终止时机的关系图，可以看出针对此例，介入时机为 0.1，终止时机 0.7 效果较好。

控制模式

此处的各个选项用于切换 ControlNet 和提示词对绘图结果的影响程度，默认使用"平衡"即可。如果选择"更偏向提示词"则 ControlNet 的控图效果会削弱，而选择"更偏向 ControlNet"则 ControlNet 的控图会被加强。

下左图是原图，右图从左到右分别是平衡、偏向提示词和偏向 ControNet 模式下的生成图。

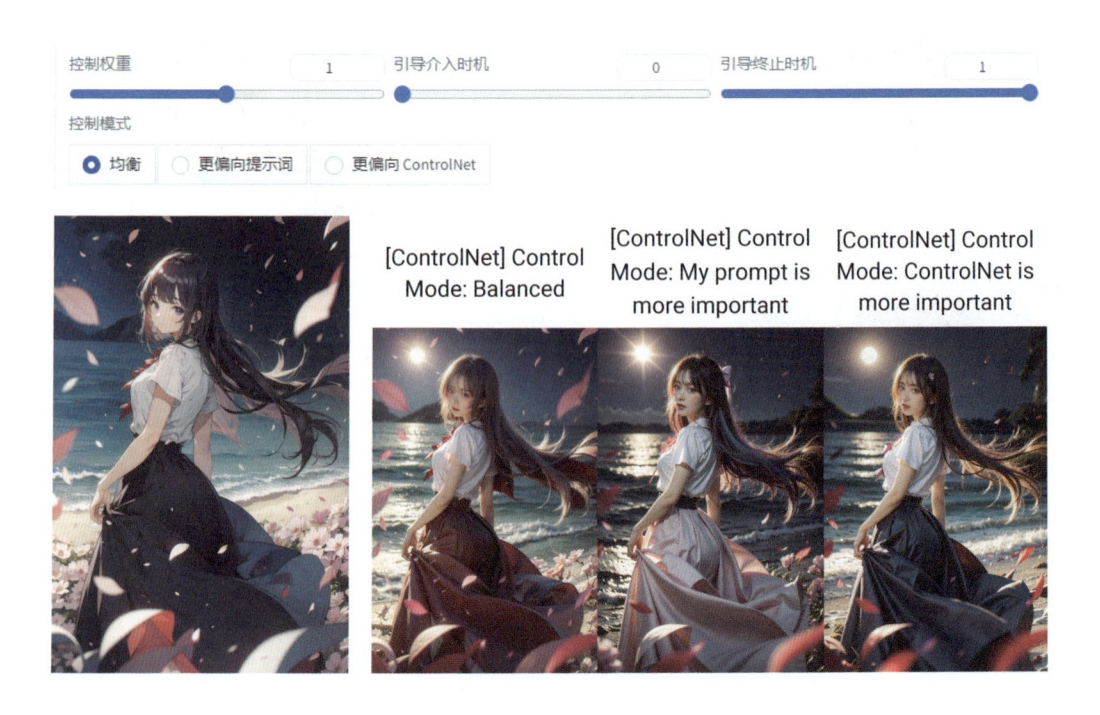

ControlNet 控制类型详解

Canny（硬边缘）

Canny（硬边缘）模型的使用范围很广，被开发者誉为最重要的 ControlNet 之一，该模型源自图像处理领域的边缘检测算法，可以很好地识别出图像的边缘轮廓，并利用此信息控制新图像。

例如，可以用 Canny 确提取出画面中元素边缘的线稿，再通过配合不同的模型，精准还原画面中的内容布局进行绘图。下图展示的是通过 Canny 将真人图片的线稿提取出来，再利用二次元模型实现真人转动漫的效果。

在选择预处理器时，除了 canny（硬边缘检测）还有 invert（对白色背景黑色线条图像反相处理）预处理器选项，它的功能不是提取图像的边缘特征，而是将线稿的颜色进行反转。

通过 Canny 等线稿类的模型处理图像时，SD 将白色线条识别为控制线条。

但有时创作者使用的是线稿可能是白底黑线，此时，就需要将两者进行颜色转换，如使用 Photoshop 等软件等工具进行转换处理，然后将转换后的图像保存导出为新的图像文件，重新上传到 SD 中，可以想见此步骤的烦琐程度。

而 ControlNet 中的 invert 预处理器则省掉这一烦琐的步骤，可以轻松实现将白底黑线手绘线稿转换成 SD 可正确使用的白线黑底预处理线稿图，如下图所示。

invert 预处理器并不是 Canny 控制类型独有的，它可以配合大部分线稿模型使用，在最新版的 ControlNet 中，当选择 MLSD 直线、Lineart 线稿等控制类型时，在预处理器中都能看到 invert 选项，因为用法一样，下文将不再赘述。

当选择 canny（硬边缘检测）时，在控制权重下方会多出 Canny Low Threshold（低阈值）和 Canny High Threshold（高阈值）两个参数，如下图所示。

预处理器		模型	
canny	▼	control_v11p_sd15_canny [d14c016b]	▼

控制权重　　　　　　　　　　1　　引导介入时机　　　　　　　0　　引导终止时机　　　　　　　　1

Canny Low Threshold　　　　　　　　　　　　　　　　　　　　　　　　　　　　100

Canny High Threshold　　　　　　　　　　　　　　　　　　　　　　　　　　　　200

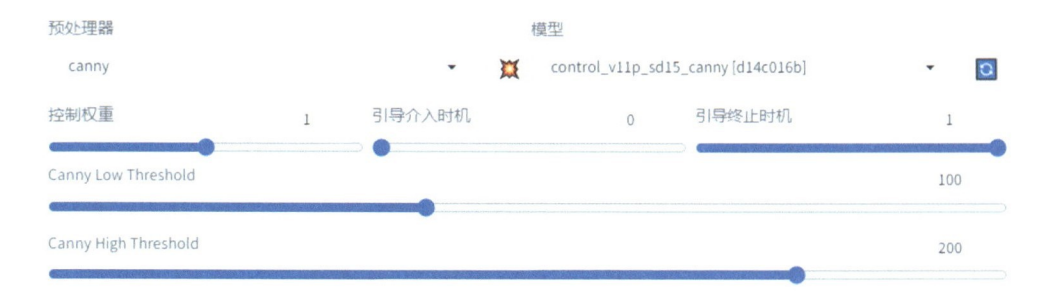

阈值参数控制的是图像边缘线条被识别的区间范围，以控制预处理时提取线稿的复杂程度，两者的数值范围都限制在1~255。简单来说，数值越低，预处理生成的图像线条越复杂；数值越高，图像线条越简单。

从算法来看，一般的边缘检测算法用一个阈值来滤除噪声或颜色变化引起的小的灰度梯度值，而保留大的灰度梯度值。Canny算法应用双阈值，即一个高阈值和一个低阈值来区分边缘像素。

如果边缘像素点色值大于高阈值，则被认为是强边缘像素点会被保留。

如果小于高阈值，大于低阈值，则标记为弱边缘像素点。

如果小于低阈值，则被认为是非边缘像素点，SD会消除这些点。

对于弱边缘像素点，如果彼此相连接，则同样会被保存下来。

所以，如果将这两个数值均设置为1，可以得到图像中所有边缘像素点，而如果将这两个数值均设置为255，则可以得到图像中最主要、最明显的轮廓线条。

创作者要做的是根据自己需要的效果，动态调整这两个数值，以得到最合适的线稿。

因为不同复杂程度的预处理线稿图会对绘图结果产生不同的影响，复杂度过高会导致绘图结果中出现分割零碎的斑块，复杂度太低又会造成ControlNet控图效果不够准确，因此需要调节阈值参数来达到比较合适的线稿控制范围，以下为复杂度由低到高生成图片。

Lineart（线稿）

Lineart 同样也是对图像边缘线稿的提取，但它的使用场景会更加细分，包括 Realistic 真实系和 Anime 动漫系两个方向。

在 ControlNet 插件中，将 lineart 和 lineart_anime 两种控图模型都放在"Lineart（线稿）"控制类型下，它们分别用于写实类和动漫类图像边缘提取，配套的预处理器也有五个之多，其中带有 anime 字段的预处理器用于动漫类图像特征提取，其他的则用于写实图像。

和 Canny 控制类型不同，Canny 提取后的线稿类似电脑绘制的硬直线，粗细统一都是 1 像素，而 Lineart 则是有的明显笔触痕迹线稿，更像是现实的手绘稿，可以明显观察到不同边缘下的粗细过渡，例如下面中间的预览图为 canny 生成，下右图为 lineart 生成。

虽然 Lineart 划分成了两种风格类型，但并不意味着它们不能混用，实际操作时，可以根据效果需求，自由选择不同的绘图类型处理器和模型。

下图为大家展示了不同预处理器对写实类照片上的处理效果，可以发现后面三种针对真实系图片使用的预处理器 coarse、realistic、standard 提取的线稿更为还原，在检测时会保留较多的边缘细节，因此控图效果会更加显著，而 anime、anime_denoise 这两种动漫类对写实类照片提取效果并不好，所以具体效果在不同场景下各有优劣，具体使用哪一种，要根据实际情况和尝试决定。

为方便对比模型的控图效果，分别使用 lineart 和 lineart_anime 模型进行绘制，可以发现，lineart_anime 模型在参与绘制时会有更加明显的轮廓线，这种处理方式在二次元动漫中非常常见，传统手绘中描边可以有效增强画面内容的边界感，对色彩完成度的要求不高，因此轮廓描边可以替代很多需要色彩来表现的内容，并逐渐演变为动漫的特定风格。

可以看出，lineart_anime 相比 lineart 确实更适合在绘制动漫系图像时使用，下中图为 lineart 模型生图，下右图为 lineart_anime 模型生成的图像。

SoftEdge（软边缘）

SoftEdge 是一种比较特殊的边缘线稿提取模型，界面如下图所示。

它的特点是可以获得有模糊效果的边缘线条，因此生成的画面看起来会更加柔和，且过渡非常自然。

下左图为原图，中间图像为使用此模型得到的线条预处理图像，下右图为使用此预处理图像得到二次元风格图像。

SoftEdge 提供了四种不同的预处理器，分别是 HED、HEDSafe、PiDiNet 和 PiDiNetSafe。在官方介绍的性能对比中，模型稳定性排名为 PiDiNetSafe > HEDSafe > PiDiNet > hed，而最高结果质量排名 hed > PiDiNet > HEDSafe > PiDiNetSafe。

综合考虑各因素，可以将 PiDiNet 设置为默认预处理器，以保证在大多数情况下都能表现良好。在下图中我们可以看到四种预处理器的实际检测图对比。

如果不做细节对比，使用不同预处理器就没有太大差异，正常情况下使用默认的 PiDiNet 即可。

Scribble（涂鸦）

Scribble 涂鸦，也称为 Sketch 草图，也是一种边缘线稿提取模型，界面如下图所示。

与前面所学习过的各种线稿提取模型不同，涂鸦模型是一款手绘风格效果的控图类型，检测生成的预处理图更像是蜡笔涂鸦的线稿，由于线条较粗、精确度较低，因此适合生成不需要精确控制细节，只需要大致轮廓与参考原图差不多，在细节上需要 SD 自由发挥的场景。

例如，针对下左参考原图，使用此模型生成的线稿预处理图像如中间图像所示，而下右图则为使用此线稿得到的二次元风格图像，可以看出，整体外形类似，但细节上与原图有明显区别。

Scribble 中也提供了四种不同的预处理器可供选择，分别是 HED、PiDiNet、XDoG 和 T2ia_sketch_pidi。

通过下图我们可以看到不同 Scri4ble 预处理器的图像效果，由于 HED、PiDiNet 和 T2ia_sketch_pidi 是神经网络算法，而 XDoG 是经典算法，因此前面三个处理器检测得到的轮廓线更粗，更符合涂鸦的手绘效果。

选择不同预处理器的实际出图效果如下图所示，可以发现，这几种预处理器基本都能保持较好的线稿控制。

Depth（深度）

这是一种很常用的控制模型，用于依据参考图像生成深度图，工作界面如下图所示。

深度图也被称为距离影像，可以直接体现画面中物体的三维深度关系，在深度图图像中只有黑白两种颜色，距离镜头越近则颜色越浅（白色），距离镜头越远则颜色越深（黑色）。

注意，并不是原参考图像中越亮越白的图像才距离镜头越近，这一点与创作者的直观印象是有区别的。

Depth模型提取原图像中各元素的三维深度关系后，生成深度图，此时，创作者就可以依据深度图来控制新生成的图像，使其三维空间关系与原图像相仿。

下左图为参考原图，中间的图像为深度图，下右图为依据此深度图生成的新图像。可以看到，通过深度图很好地还原了室内的空间景深关系。

Depth的预处理器有四种：LeReS、LeReS++、MiDaS、ZoE，对比来看，LeReS和LeReS++的深度图细节提取的层次比较丰富，但LeReS++效果更胜一筹。

而MiDaS和ZoE更适合处理复杂场景，其中ZoE的参数量是最多的，所以处理速度比较慢，实际效果上更倾向于强化前后景深对比。从下图中可以看到这四种预处理器的检测效果。

根据预处理器算法的不同，Depth在最终成像上也有差异，实际使用时可以根据预处理的深度图来判断哪种深度关系呈现更加合适。

OpenPose（姿态控制）

OpenPose 是重要的控制人像姿势模型，工作界面如下图所示。

OpenPose 可以检测到人体结构的关键点，比如头部、肩膀、手肘、膝盖等位置，而将人物的服饰、发型、背景等细节元素忽略掉。下左图为原图，中间为使用此模型生成骨骼图，下右图为依据此骨骼图生成的新图。

在 OpenPose 中内置了 openpose、face、faceonly、full、hand 这五种预处理器，它们分别用于检测五官、四肢、手部等人体结构。

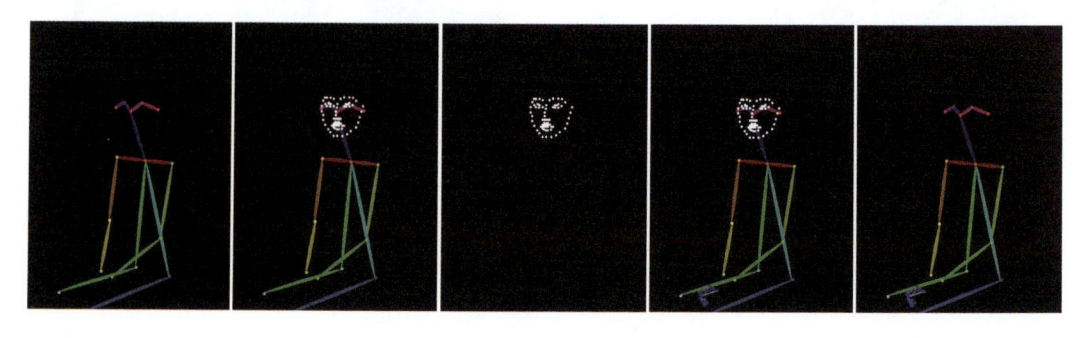

openpose 是最基础的预处理器，可以检测到人体大部分关键点，并通过不同颜色的线条连接起来。

face 在 openpose 基础上强化了对人脸的识别，除了基础的面部朝向，还能识别眼睛、鼻子、嘴巴等五官和脸部轮廓，因此 face 在人物表情上可以很好地实现还原。

faceonly 只针对处理面部的轮廓点信息，适合只刻画脸部细节的场景。

hand 在 openpose 基础上增加了手部结构的刻画，可以很好地解决常见的手部变形问题。

full 是将以上所有预处理功能集合在了一起，将人物的所有细节都刻画出来，可以说是功能最全面的预处理器。平时使用时建议直接选择包含了全部关键点检测的 full 预处理器。

当上传图像并使用预处理器获得骨骼图后，可以点击预览图右下角的"编辑"在如下左图所示的姿势编辑界面，改变骨骼图，并点击"发送姿势到 ControlNet"按钮，按新的摆姿生成新图像，如下右图所示。

Tile（分块渲染处理）

此模型的作用是对图像进行分区处理，工作界面如下图所示。

控制类型

○ 全部　○ Canny (硬边缘)　○ Depth (深度)　○ NormalMap (法线贴图)　○ OpenPose (姿态)　○ MLSD (直线)
○ Lineart (线稿)　○ SoftEdge (软边缘)　○ Scribble/Sketch (涂鸦/草图)　○ Segmentation (语义分割)
○ InstructP2P　○ Reference (参考)　○ Recolor (重上色)

无
blur_gaussian
tile_colorfix (分块 - 固定颜色)
tile_colorfix+sharp (分块 - 固定颜色 + 锐化)
√ tile_resample (分块 - 重采样)

| tile_resample ▼ | 模型 control_v11f1e_sd15_tile [a371b31b] ▼ |

　　Tile 模型被广泛用于图像细节修复和高清放大。例如，如果在"图生图"增大重绘幅度可以明显提升画面细节，但较高的重绘幅度会使画面内容发生难以预料的变化，此时，可以使用 Tile 模型进行控图完美地解决这一问题，因为 Tile 模型的最大特点就是，在优化图像细节的同时不会影响画面结构。理论上来说，只要分的块足够多，配合 Tile 可以绘制任意尺寸的超大图。

　　下图是在除了分辨率其他参数不变的情况下，使用 Tile 模型分别将图像的分辨率提升至 256×384、512×768、1024×1536 的效果，可以明显看出，随着图像分辨率的提升，图像的细节也明显增加了。

　　Tile 模型提供了三种预处理器，即 colorfix、colorfix+sharp、resample，分别表示固定颜色、固定颜色 + 锐化、重新采样。

　　在下图中可以看到三种预处理器的绘图效果，相较之下，默认的 resample 在绘制时会提供更多发挥空间，内容上和原图差异会更大。

[ControlNet] Preprocessor: tile_colorfix

[ControlNet] Preprocessor: tile_colorfix+sharp

[ControlNet] Preprocessor: tile_resample

如果上传的是一张有些模糊的图片，还可以使用此模型使图像在放大的同时更清晰一些，如右侧展示的两张图中，左图为原图，右图为使用此模型放大后的效果图。

光影控制

光影控制模型由于不是Controlnet开发者开发的模型，因此在安装完SD后，需要从网址https://pan.baidu.com/s/12tcm1fZhm9DvzvIO5-hQ7g（提取码：plll）下载安装。

下载模型文件，并将文件拷贝至Controlnet文件中，再重启SD，工作界面如下图所示。

与其他模型不同，"光影控制"模型并不是以复选项的形式出现在 SD 的工作界中，而且也没有预处理器。

当创作者在"控制类型"中选择"全部"，然后在"模型"下拉列表框中才可选择名称分别是 control_v1p_sd15_brightness 与 control_v1p_sd15_illumination 的模型。

两个模型相比较来看，control_v1p_sd15_brightness 生成的图像比较柔和自然，control_v1p_sd15_illumination 生成的图像光线感强，较明亮，所以 control_v1p_sd15_brightness 普遍使用较多。

光影控制的用法多种多样，比较受欢迎的是利用光影控制将图片或文字融合在图片中，效果非常引人注目。这里以文字融合在图片中为例，讲解操作步骤。

（1）准备一张黑底白字的文字图片，在此笔者使用的是"好机友"三个竖排文字。将此图片上传到 Controlnet 插件中，选择模型为 control_v1p_sd15_brightnes，控制权重设置为 0.5，引导介入时机为 0.1，引导终止时机为 0.65，这些参数可以根据实际情况调整，如下图所示。

（2）选择一个真实感的模型，这里选择的是"majicmixRealistic_v7.safetensors"，再在提示词框中输入对生成图片的简单描述，这里输入的提示词为"masterplece,best quality,highres,a beautiful girl walking in the park at night,"参数设置根据实际操作调整即可，如下图所示。

（3）点击"生成"按钮，一张利用光影控制将文字融合在图片中的图像就生成了，如下图所示。如果文字效果过于明显，可以一直降低权重值，或调整引导介入与终止时机数值，持续生成直到满意为止。如果想将图片 logo 融合，基本步骤不变，更换 Controlnet 中的图片即可。

第5章

利用无界AI绘画平台进行创作

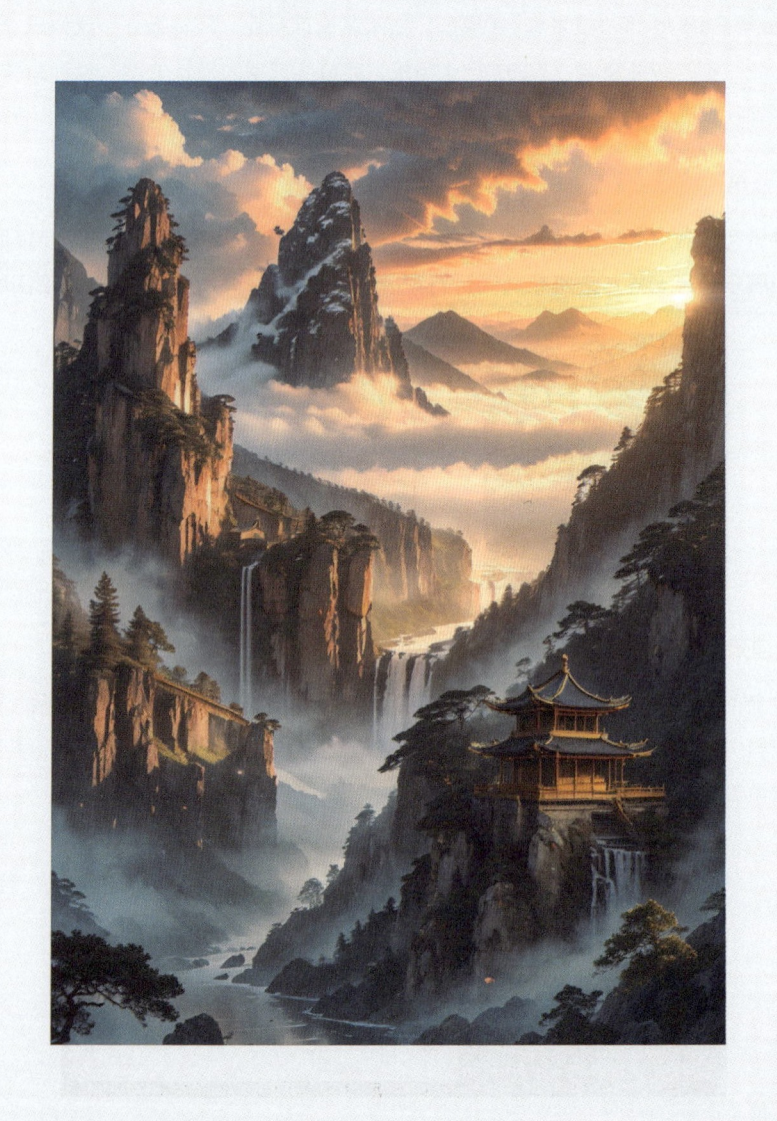

无界 AI 简介

无界 AI 是一个综合性 AI 绘画工具，由杭州超节点信息科技有限公司（"巴比特"子公司）创立的 AI 绘画及 AIGC 内容创作平台。每日登录无界 AI 可以获取一定数量的积分，使用 AI 绘图功能会消耗积分。若积分不足，使用者可以通过购买会员资格获得更多积分，开通会员需要每月支付 79 元，按年支付一年 790 元，"无界 AI 专业版"新注册登录有 30 分钟的免费生成生时间。

登录网址：https://www.wujieai.com/

无界 AI 功能及具体应用案例

无界 AI 能够应用 AI 算法技术和 AI 模型，在家装设计行业、服饰行业、泛娱乐、文旅行业、汽车行业、智能设备、智能家电、Web3 行业领域，完成生成室内设计方案、设计新款服装样式、创建角色道具等视觉元素、生成文创产品、优化产品外观等类型的创意设计工作。

家装设计应用

家装设计师可以在其设计流程中使用无界 AI 完成家装设计行业的模型定制、辅助家装设计等工作，下面展示的是无界与三维家共同进行家装行业模型创作的合作案例，如下图所示。

服饰行业应用

服装设计师可以利用无界，结合当前服装设计流程，打造更高效、更有创新的全新的服装设计流程。无界 AI 和服装行业企业展开了合作，例如，无界 AI 携手万事利丝绸，共同将 AIGC 技术应用于丝巾设计领域，如下图所示。

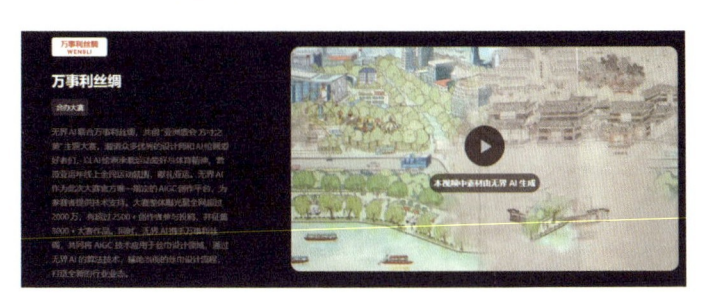

生活娱乐领域应用

无界 AI 可应用于生活娱乐多方场景中，可以提供相关模型，作为模板生成各式各样的写真图片。具体操作主要是使用者上传照片，训练自己的 AI 化身，再基于不同模板风格生成对应的写真照片。

汽车行业应用

借助无界 AI 智能技术为汽车进行汽车虚拟人物形象设计。例如，无界与汽车品牌奇瑞 iCar 联合花瓣网展开合作，邀请众多优秀的设计师和年轻爱好者为 i-VA 进行人机共创人物形象设计，无界 AI 作为此次大赛官方唯一指定的 AIGC 创作平台，为参赛者提供技术支持。

文旅行业应用

无界 AI 利用先进的 AI 算法和 AI 模型，参与相关文旅举办的文化创新大赛，推动文旅行业的发展。例如，无界 AI 凭借宋韵汉服大模型，成为由浙江省委宣传部、杭州市委宣传部主办，中共杭州市上城区委员会、上城区人民政府承办的 2023 "梦溪杯"宋韵文化创新大赛合作伙伴及指定 AI 绘画工具，如下图所示。

Web3 行业应用

无界 AI 基于自身绘画能力，把给出的相关图片作为底图，通过修改输入的提示词、切换艺术风格、更改权重等进行二次创作，最终把自己的创意变成与众不同的 PFP 头像类艺术作品。例如，无界 AI 与欧易进行的合作，制作的 PFP 头像类艺术作品如下图所示。

无界 AI 专业版具体参数介绍

目前，无界 AI 主要分为无界 AI 版和无界 AI 专业版两个版本。进入无界 AI 版首页，点击"AI 专业版"菜单即可进入无界 AI 专业版界面。相较于无界 AI 版，无界 AI 专业版对于绘画创作来说更加专业，因此本节及后面内容主要针对无界 AI 专业版界面进行介绍。

提示词文本框

正向提示词

正向提示词输入的提示词是希望图片画面出现的内容，可以使用"魔法骰子"进行智能填写，无界 AI 专业版的正向提示词文本框在操作页面的最下方，如下图所示。

负面提示词

负面提示词输入的提示词是不希望画面出现的内容，负向提示词文本框在右侧"参数配置"菜单栏中"高级配置"里的最后一项，如右图所示。

参数设置栏

界面最右边为"参数配置"菜单栏，不同板块有不同的菜单栏，但主要分为模型、基础参数、高级参数三个小菜单栏。

模型

无界 AI 专业版模型整体分为通用模型、二次元模型、风格模型、MJ 模型，此外还可以添加"融合模型"。

通用模型主要分为室内设计、建筑设计、人物写真、美食、壁纸等垂直细分方向，如右图所示。

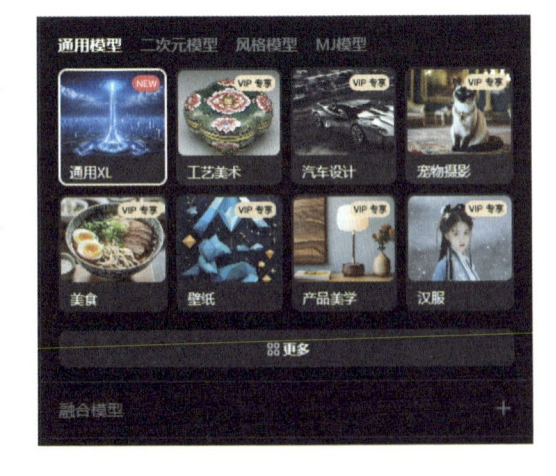

二次元模型主要分为 5DXL、彩漫 XL、魔幻 2.2D、2.5D 魔幻、日漫 2、女性漫画、动画电影、皮克斯卡通等垂直细分方向，如下左图所示。

风格模型主要分为工笔汉服、水墨园林、粉红少女、宋韵汉服、裂纹玻璃、欧式绘本、Q 版宠物、国潮年兽等垂直细分方向，如下右图所示。

MJ 模型与以上所讲述的各个模型均不相同，没有细分方向，而是按版本区别为 Midjourney V6、Niji V6、Midjourney V5.2、Niji V5 等。MJ 模型使用的是 Midjourney 的原生模型，能生成质量较高的漫画、插画作品，如右图所示。

基础参数

无界 AI 专业版基础参数区如右图所示。

宽高：调整图像宽高可以调整图片大小，不同尺寸也会影响画面效果。

尺寸适用：1∶1 头像图，1∶2 手机屏幕，4∶3 文章配图，3∶4 社交媒体，16∶9 电脑壁纸，9∶16 宣传海报。

图像质量：通过选择"图片普通"和"精绘"可以提升画面清晰度与细节描述。

生成数量：当生成数量设置为大于 4 张，并执行生成操作时，不仅图片总量会有所增加，同时也会提高探索到不同变体和可能性的机会。

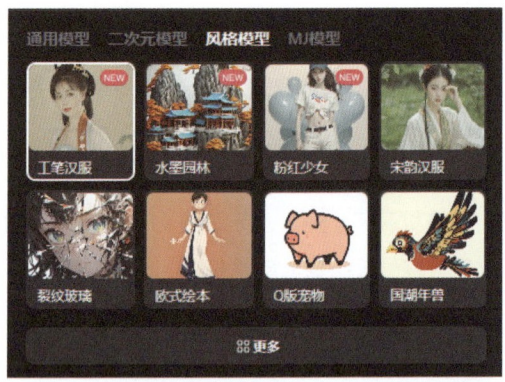

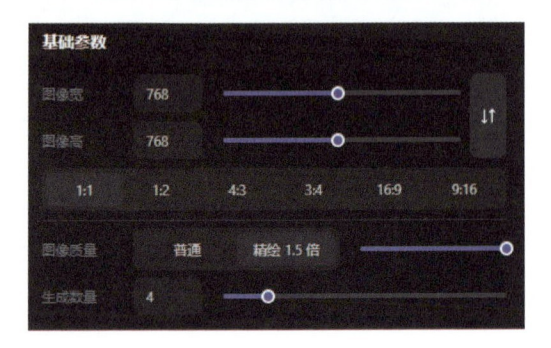

高级参数

无界 AI 专业版高级参数区如右图所示。

人脸修复：有美颜磨皮效果，若追求真实效果，保持默认选项"关闭"即可。

平铺：使用平铺可以实现纹理类图片的平滑过渡，无论图像缩放至多大，都能通过算法自动生成额外的内容以达到类似平铺的效果，使纹理类图片连接效果更好。但容易错乱，非设计使用不需要开。

随机种子：此处显示的是每次生成图的独立唯一编号，-1 代表随机生成。

VAE：对于图片的色彩、眼睛和脸部等细节进行略微的提升，一般建议选择自动模式。

采样步数：步数越大，画面精度越高，通常设置区间为 20~40。

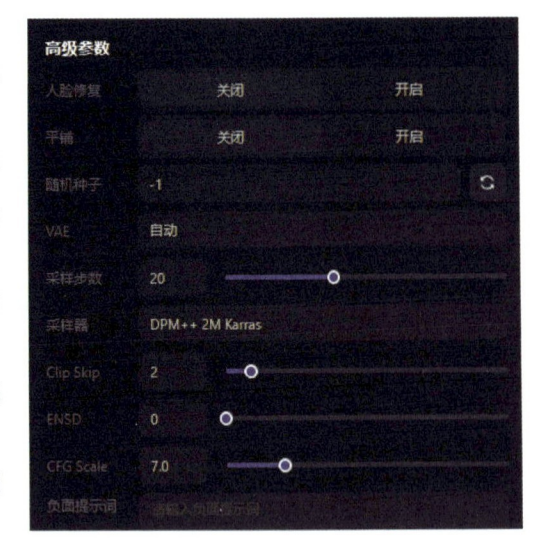

采样器：影响画质的好坏，要选择适合图像的采样器。常见的采样器有多种选择，Euler a：适合二次元图像、小场景；DDIM：适合写实人像、复杂场景；DPM++2S a Karras：适合写实人像、复杂场景；DPM++ 2M Karras：适合二次元图像、三次元图像；DPM++ KDE Karras：适合写实人像、复杂场景。

Clip Skip：通过调整 Clip Skip 参数，可以平衡生成图像的细节保真度与创新性，数值越小，表示对图像的控制度越高，生成的图像会更加精确地遵循输入的文本提示。最佳使用区间是 1~2。

ENSD：配合随机种子可以更好地还原特定的图像，建议选择默认值 0 即可。

CFG Scale：数值越低，会产生更有创意的结果。最佳使用区间是 7~12，推荐不超过 15，否则会破坏原有的画风。

负面提示词：输入不希望画面出现的内容。

除此之外，相较于文生图参数设置来说，图生图中多了参考图设置和蒙版设置两个小菜单栏，如右图所示。

在参考图设置中，创意度为图生图的灵魂，创意度设定，根据具体的需要，创意度的变化较大，0 表示完全为原图，100 表示完全为新图。经验上以 50 为区分：50 以前都能保持原图大部分内容，反之则再创作更多。

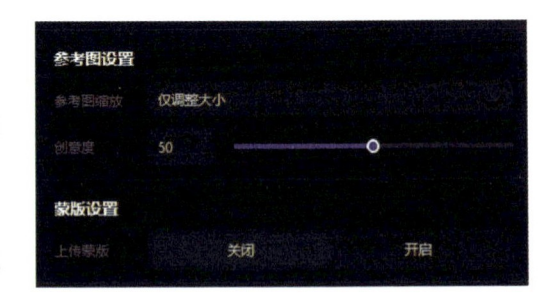

用文生图功能得到灵感图像效果

文生图是指依靠创作在正面提示词文本框中输入的文本来生成对应的图像。无界 AI 专业版文生图的界面如下图所示接下来，笔者将通过生成阳光男孩的图像例子来介绍文生图的基本操作方法，具体如下图所示。

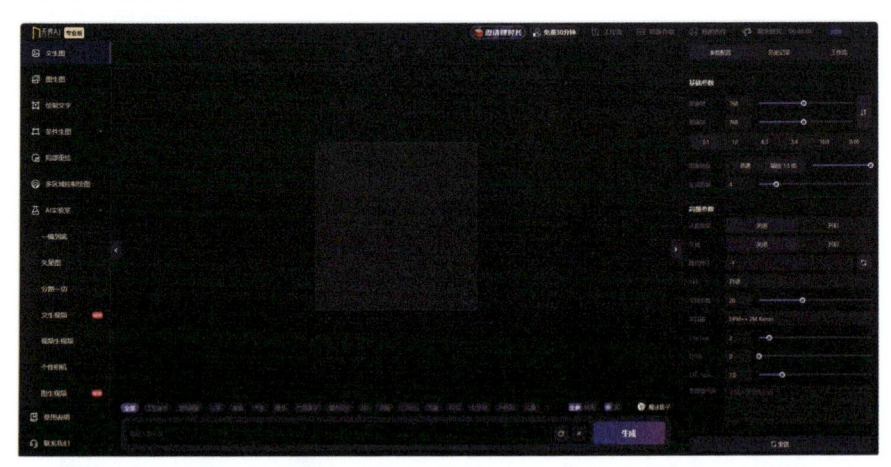

（1）在文生图界面下方的文本框中输入相关提示词，笔者输入的提示词如下图所示。

（2）参数值保持默认不变，点击"生成"按钮，生成后的图像如下图所示。

（3）在生成的图像中点击特定图像进行具体优化，笔者选择对已生成图像中的第三张图继续优化的图像。

（4）点击右上侧菜单"参数配置"按钮，对其进一步细化。接下来选择模型及设置参数，参数保持默认值，点击"生成"按钮即可生成图像，笔者选择了"二次元模型（彩漫 XL）"后，生成的新图像如右图所示。

用图生图功能得到风格图像效果

图生图是指无界 AI 依靠创作者上传的图像，以及在提示词框中输入的文字来生成对应的图像。无界 AI 专业版图生图的界面如下图所示。笔者将通过把一张真人图变成二次元形象图的例子来介绍图生图的基本操作方法，具体如下图所示。

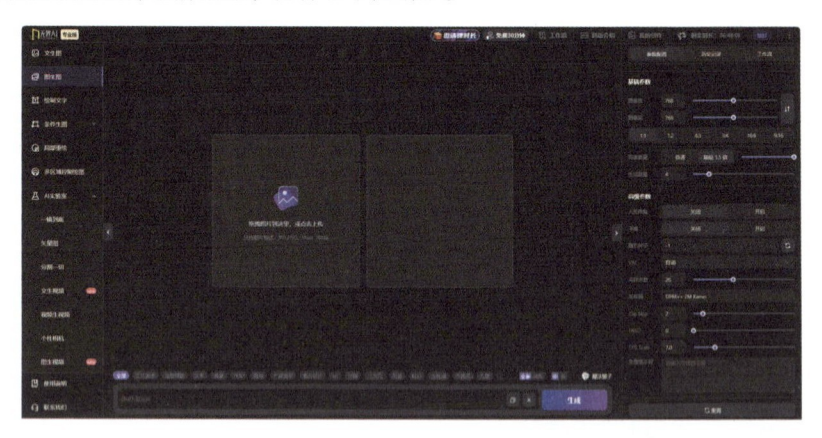

（1）在图生图界面中间，点击"上传图片"，笔者上传的示例原图如右图所示。

（2）在右侧菜单栏选择模型和设置参数。笔者选择了"动画电影"模型，"创意度"设置为 60，提示词输入为"可爱卡通，大眼睛，长头发"。

（3）点击"生成"按钮。如下图所示，左侧为原图，右侧为生成的二次元新图像。

用条件生图中的骨骼捕捉生成图像

条件生图是指根据设定的具体条件指令、文字描述及参数设置来创作图片。骨骼捕捉是条件生图的一种条件指令方式。

图像的姿势控制主要用到条件生图中的骨骼捕捉,骨骼捕捉可以在文生图的同时,可以从动作库中选取姿势,控制生成的人物的姿势、表情,甚至是每一根手指的骨骼,如下图所示。除了直接从动作库导入,也可以直接上传动作图片。

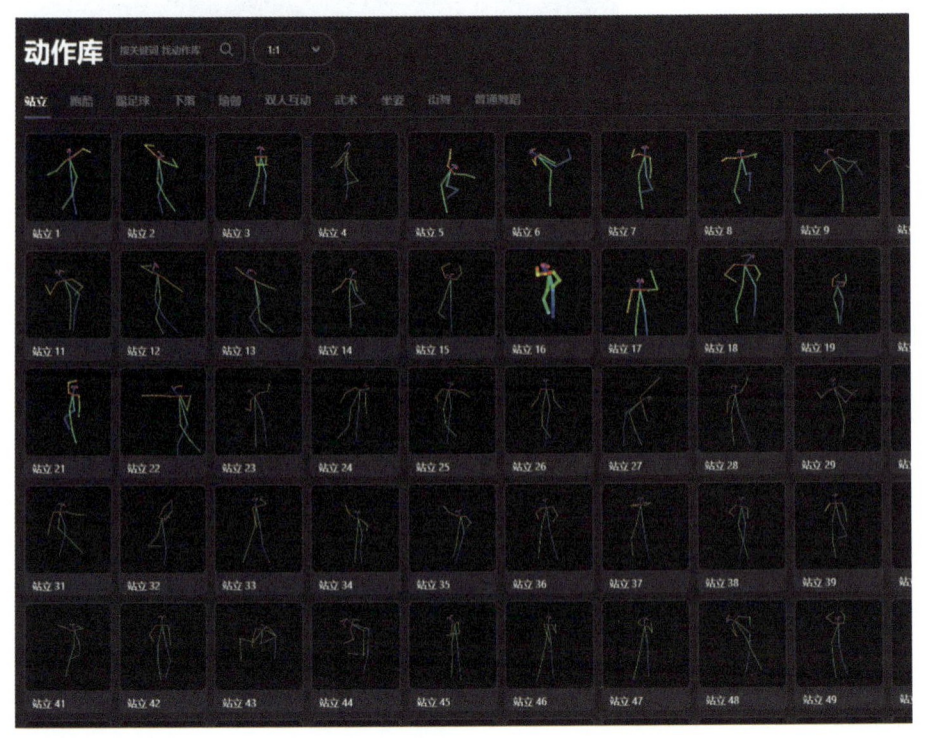

在动作库中选择时,一定要保证预处理器选择 none,否则无法使用动作。而直接上传动作图片,需要选择相关预处理器,具体预处理器及使用如下。

预处理器:openpose、openpose_face、openpose_faceonly、openpose_full、openpose_hand、thibaud_xl_openpose.safetensors、thibaud_xl_openpose_256lora.safetensors。

预处理器功能:

画身体用 openpose 预处理器。

画身体和表情用 openpose_face 预处理器。

画身体和手用 penpose_hand 预处理器。

画单独的表情用 openpose_faceonly 预处理器。

画身体,手和表情用 openpose_full 预处理器。

模型功能:依据骨架精准生成人物动作。

笔者将通过骨骼捕捉把真人照片转换为动漫图片,具体操作步骤如下。

（1）点击"骨骼捕捉"按钮，进入如右图所示界面。

（2）接下来上传图片，上传图片的方式有"从本地上传图片""从动作库中选择""从手势库中选择"三种。

注意：手势库目前无法正常使用。

（3）点击"从本地上传图片"的图标，上传准备好的人物动作图像，笔者上传的图像如右图所示。

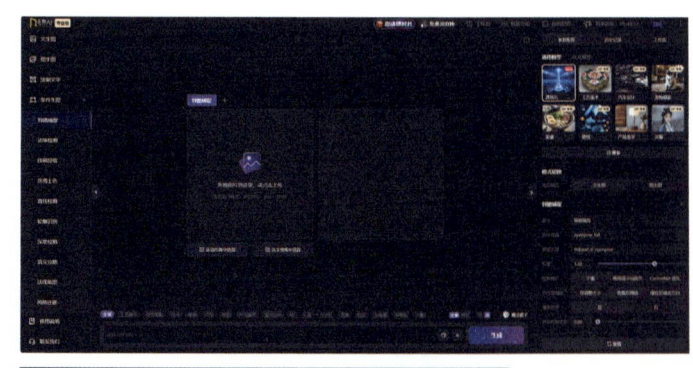

（4）在下方提示词文本框中输入提示词，笔者输入的提示词为 panorama,landscape,lgirl,ground vehicle,solo,motor vehicle,shirt,car,outdoors,pants,shoes,white footwear,sitting,sneakers,building,white shirt,jeans,short hair,day,looking at viewer,short sleeves,road,realistic,brown hair,lips,street,brown eyes,full body,bangs,knees up,t-shirt,drinking,tree，如下图所示。

（5）接下来进行参数设置，点击"二次元模型"选项，选择"二次元模型"中的"日漫2"模型，如右图所示。

（6）将图像设置为上传照片原比例768×1024尺寸，采样器选择Euler a，负向提示词文本框中输入(worst quality:2),(low quality:2),(normal quality:2),lowres,watermark,nsfw,EasyNegative，其他参数保持不变，具体参数设置如下图所示。

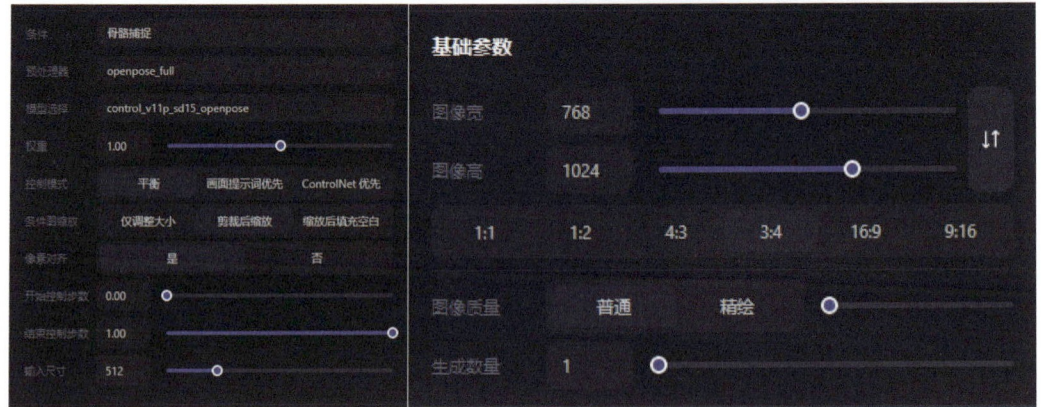

（7）点击下方"生成"按钮，即可生成想要的图像，得到的图像如下右图所示。

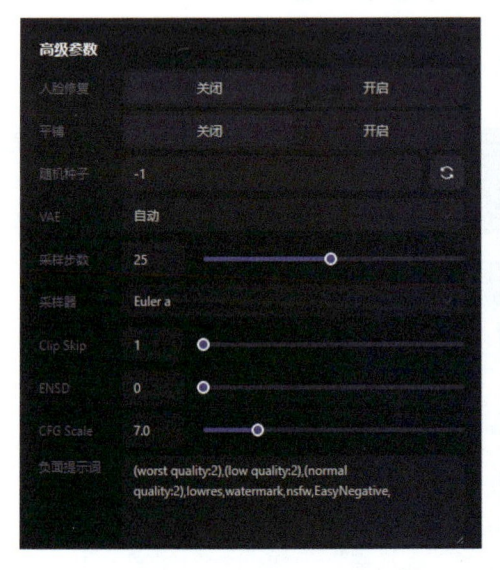

用条件生图中的涂鸦上色生成图像

涂鸦上色作为条件生图的一种条件指令方式，能够提取图片中曝光对比度比较明显的区域，生成黑白稿，涂鸦成图，比其他的轮廓控制更加自由，也可以用于对手绘线稿进行着色处理。

预处理器：Scribble-hed, Scribble-pidinet, Scribble-xdog, kohya_controlllite_xl_scribble_anime.safetensors。

预处理器功能：以涂鸦的方式提取画面的粗线稿，Scribble-pidinet 随机性更高，Scribble-xdog 可以很好地还原原图形状。

涂鸦上色非常适合进行创意绘画和儿童绘画，只需要用画笔简单画一些图案交给 AI，就可以生成精美图片。接下来，笔者将通过涂鸦上色把一张草图变为一张颜色填充的图片，具体操作步骤如下。

（1）点击"涂鸦上色"按钮，进入如下左图所示页面。

（2）点击上传图片，笔者上传了随手画的一辆小车的图像，如下右图所示。

（3）在下方提示词文本框中输入正向提示词，笔者输入的提示词为"虚幻引擎渲染照，越野车，棕色车身，空白，光线追踪，35毫米胶片，捕捉速度和设计的精髓"如下图所示。

（4）点击"二次元模型"选项，选择"二次元模型"中的"日漫2"模型，如右图所示。

（5）在右侧菜单中进行相关参数设置，将图像设置为上传照片原比例 512×512 尺寸，"采样器"选择 Euler a，负向提示词文本框中输入 (worst quality:2),(low quality:2),(normal quality:2), lowres,watermark,nsfw,EasyNegative，其他参数保持不变。

（6）点击"生成"按钮，即可生成图像，得到的图像如下左图所示。笔者又选择了"2.5D"和"动画电影"模型，生成的图像如下中图和右图所示。

用条件生图中的深度检测得到艺术文字效果

深度检测技术能够有效地呈现空间的纵深层次，尤其适用于室内设计领域，能够准确地分辨出场景中各个物体与镜头之间的距离和前后排列关系。

预处理器：Depth-zoe, Depth-midas, Depth-leres++, diffusers_xl_depth_full.safetensors, diffusers_xl_depth_mid.safetensors, diffusers_xl_depth_small.safetensors。

预处理器功能：生成图片的深度图。

模型功能：依据检测出的深度图进行绘图。

注意：推荐使用 Depth-zoe/Depth-leres++。

接下来，笔者将通过深度检测来生成关于"夏天"的艺术文字。

（1）点击"条件生图"中的"深度检测"选项，点击上传图片的图标上传图片，如下左图所示。

（2）在右侧"参数设置"菜单栏中完成相关设置，在"通用模型"中选择"艺术肖像"模型，如下右图所示。

（3）在下方正向提示词文本框中输入相关提示词，笔者输入的提示词为masterpiece,best quality, no humans,(watermelon)，如下左图所示。

（4）在模式切换中点击"文生图"选项，在"深度检测"参数设置栏中，将"预处理"设为none，其他参数保持默认，如下右图所示。

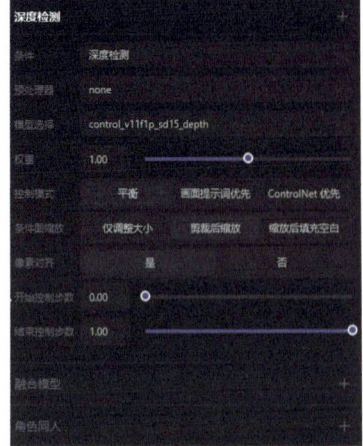

（5）在"基础参数"设置栏中，图像的宽和高根据上传的图片进行设置，"图像质量"的"生成数量"情况根据需求而定，如下左图所示。

（6）在"高级参数"设置中，"人脸修复"和"平铺"保持"关闭"，将VAE设置为vae-ft-mse-840000-ema-pruned.ckpt，"采样步数"设置为25，"采样器"选择DPM++ 2M Karras，Clip Skip设置为2，CFG Scale设置为7.0，在负向提示词文本框中输入(worst quality:2),(low quality:2),(normalquality:2),lowres,watermark nsfw，笔者对于高级参数的设置如下右图所示。

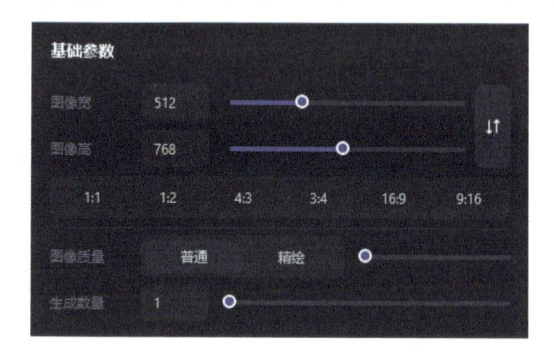

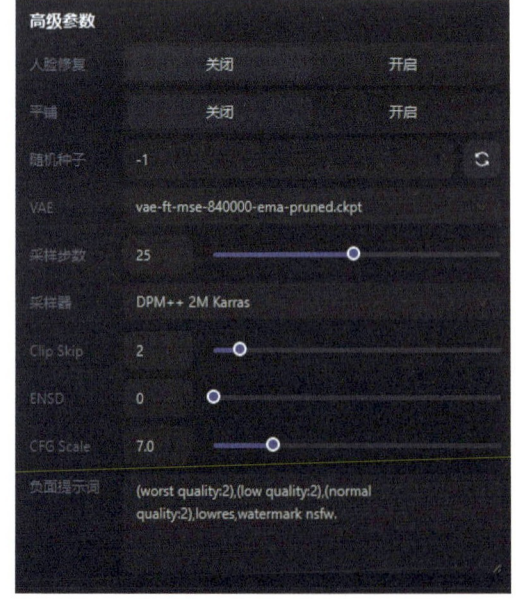

（7）点击下方"生成"按钮，即可生成艺术字体的图片，生成的效果如下左图所示。笔者又更改了提示词，生成了关于露珠和荷花的艺术字，如下中图和右图所示。

其他条件生图讲解

目前，无界 AI 专业版有"骨骼捕捉、边缘检测、线稿提取、涂鸦上色、直接检测、轮廓识别、深度检测、语义分割、法线贴图、风格迁移、细节增强、局部修图、稳定像素、参考生图、光影控制、二维码控制"十七种条件指令。本节主要讲解除骨骼捕捉、涂鸦上色、直接检测之外的条件指令，这里只针对理论知识进行讲解，不再讲解具体案例，具体如下。

线稿提取

线稿提取是专门提取线稿的功能，可以针对不同类型的图片进行不同的处理。点开预处理器可选择的处理器如下。

线稿动漫：lineart_anime 与 lineart_anime_denoise。

素描：lineart_coarse。

写实：lineart_realistic。

黑白线稿：lineart_standard。

边缘检测

边缘检测可以识别到画面最多的线条，可以最大程度地还原照片原始轮廓，比较适合二次元照片。

预处理器：canny。

预处理器功能：边缘检测，提取画面的精细线稿（黑底白笔）。

模型功能：依据线稿进行绘图。

轮廓识别

轮廓识别只能识别图片大概的轮廓细节，线条比较柔和，给 AI 发挥的空间就比较大。它和边缘检测类似，也是一种边缘检测模型，边缘检测可以理解为用铅笔提取边缘，而轮廓识别则是用毛笔，被提取的边缘将会非常柔和，细节也会更加丰富，绘制的人物明暗对比明显，轮廓感更强，适合在保持原来构图的基础上重新着色和对画面风格进行改变。如果是生成棱角分明，或机械一类的，推荐使用边缘检测；如果是毛发一类的动物，使用轮廓识别可能效果会更好。

预处理器：SoftEdge-hed, SoftEdge-hedsafe, SoftEdge-pidinet, SoftEdge-pidisafe, sargezt_xl_softedge.safetensors。

预处理器功能：整体嵌套边缘检测，软边缘检测。

直线检测

直线检测只能识别直线，适合拿来做建筑和室内设计，预处理出来的图，都只有直线、有弧度的线条都会被忽略掉。

预处理器：mlsd。

预处理器功能：提取建筑物的大致线稿（多为直线，没有曲线）。

语义分割

语义分割是指对图像内容的不同元素（如人物、背景结构等）进行精细区分，通过对每个像素进行类别标注，将同一类别的像素归为一个区域，从而实现从视觉上将图片的各个组成部分清晰地区分开来。这一技术尤其适用于大规模场景处理，能够有效支持诸如整体画风转换等应用场景。

预处理器：seg_ofcoco, seg_ofade20k, seg_ufade20k。

预处理器功能：生成图片的物品分割图。

模型功能：依据标注的分割图进行精准控图。

注意：推荐使用 of 开头的预处理器，coco 代表 coco 数据集标记方法，ade20k 也是一个标记方法。

法线贴图

法线贴图主要是指根据画面中的光影信息，从而模拟出物体表面的凹凸细节，实现准确还原画面内容布局，因此多用于体现物体表面更加真实的光影细节。

法线贴图有 Bae 和 Midas 两种预处理器，其中无界默认 Bae 预处理器，Midas 是比较早期的版本，一般不再使用。

风格迁移

风格迁移主要是指将其他图片的画风转移到将要生成的图片上。

预处理器：shuffle。

预处理器功能：将图片画风牢记。

模型功能：依据检测出的软边缘进行绘图。

细节增强

细节增强主要是指在图像中添加、更改或重新生成图像详细信息，并且实现风格迁移；它可以修复，优化和改善通过任何其他超分辨率方法获得的不良图像细节。例如，可消除因图像大小调整而导致的模糊。

预处理器：tile_resample, tile_colorfix, tile_colorfix+sharp。

预处理器功能：tile_resample, tile_colorfix, tile_colorfix+sharp。

预处理器功能差别不大，一般建议使用 tile_resample。

局部修图

局部修图主要是指修改上传图片的局部并保持原图整体画面。

预处理器：inpaint_global_harmonious, inpaint_only。

预处理器功能：inpaint_global_harmonious 是整张图进行重绘，重绘之后整体融合比较好，但是重绘之后的图片色调会改变。inpaint_only 只重绘涂红的地方。

稳定像素

稳定像素可以实现给照片加特效的效果，在提示词里要输入例如"make it....（让它变成...）的关键词"，比如想让它下雨，就输入：make it rain。

参考生图

参考生图是指参考图像某一方面内容来生成新图像。参考生图只有预处理器，没有对应的模型。参考生图一共有三种预处理器，Reference adain、Reference only、Reference adain+attn，一般选择 reference only，模型选择为 none。Reference 预处理器能够直接利用现有的图像作为参考（图像提示词）来控制模型的生成过程，从而可以生成与参考图像相似的图像。与此同时，在图像生成过程中仍会受到描述词的约束与引导。参考生图的相关参数设置界面如下图所示。

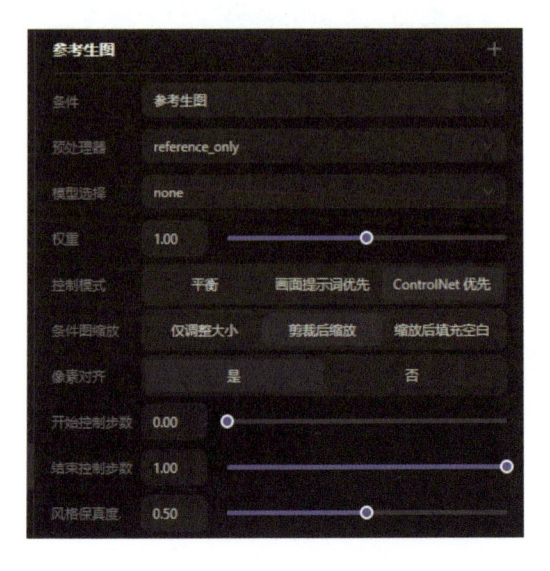

参考生图的"权重"可以控制参考生图的强度，一般权重调整为1，太高太低都会导致图片质量下降。权重在条件生图中更为重要，使用多个条件生图组合时，需要调整权重占比，来对各种条件加以控制。

控制模式有"平衡""画面描述优先""controlnet 优先"三种选项。

平衡：应用于采样步骤中的条件化和非条件化。

画面描述优先：最终效果是提示比参考生图具有更大的影响力。

开始控制步数控制参考生图开始的时间，结束控制步数控制参考生图结束的时间。

开始控制步数为0，结束控制步数为1，代表从点击生成图片的同时参考生图功能就开始影响作图，直到作图结束，参考生图影响也随之结束。如果将开始控制步数调为1，结束控制步数调为0，则参考生图就不会介入，此功能相当于文生图。

风格保真度越高生成图片的风格保留也就越明显，但注意风格保真度只有在控制模式"平衡"状态才起作用。

光影控制

光影控制的玩法多种多样，比如可以用光影控制来将照片或者文字隐藏在图片中。光影控制与其他条件生图不同，在界面上并没有预处理器，只有两个模型选择，分别是：control_v1p_sd15_brightness、control_v1p_sd15_illumination。

在使用光影控制中时，权重建议 0.4~0.65，数值越大，光线图案就会越明显，但光线和图片的融合度也会越差。同时可以调整开始与结束控制步数，结束步数参数建议 0.6~0.75，代表着条件生图什么时候停止介入，数值越大后面留给模型处理融合的时间就越少，融合度就会变差，数值越小，模型介入过早就会破坏已有的结构导致光线无法出现。

二维码控制

二维码控制主要是指可以制作出富有创意的营销创意二维码。

元素融合

元素融合是指可以实现两个元素的融合，一般元素融合都会与图生图，或者条件生图中其他功能配合使用。

预处理器：ip-adapter_clip_sd15，ip-adapter_face_id，ip-adapter_face_id_plus

预处理器功能：ip-adapter_sd15，ip-adapter_sd15_plus，ip-adapter_face_id_plusv2_sd1.5，ip-adapter_face_id_sdxl，其中 ip-adapter_sd15_plus 更细粒度的提示，生成图片和原画更接近。

用局部重绘功能调整图像细节

局部重绘是指将图中的某部分进行涂抹，选择一定的参数，并重新绘制这块区域，实现这部分的重绘效果。这是为了在不改变整体风格的前提下进行细节的调整。局部重绘具体参数设置界面如右图所示。

蒙版模糊：蒙版模糊度类似 PS 这种绘图工具中的"羽化"功能。"羽化"（Feather）是指，在选中区域的边缘添加一层透明的、渐变式的效果，使得选中区域的边缘更加柔和自然。使用局部重绘，蒙版模糊度越高，那么重绘区域和未被重绘的区域会形成一种丝滑的过渡。一般保持在 10 以下，根据区域的大小选择相应的数值，蒙版较大可以选择较大的数值，较小的区域则选择较小的数值。

蒙版模式：inpaint masked 是重绘蒙版内容，就是把红色部分重新画一遍。inpaint not masked 是重绘非蒙版内容，就是将红色部分以外的内容进行重绘。

蒙版内容：主要是通过"填充""原图""潜变量噪声""潜变量数值零"这四个不同的算法去进行重绘的。根据实际的操作来看，四个生成的图片区别不大，通常认为填充和原图会更稳定。

接下来，笔者将通过局部重绘改变人物衣服上的图案，操作步骤如下。

（1）点击左侧"局部重绘"按钮，开始创作，在此我们的任务是对图像中的某一部分进行重绘。

（2）点击"上传图片"图标，笔者上传的图像如下左图所示。

（3）接下来进行编辑重绘区域，在所上传的图片左侧有五个小工具，分别是"撤销上一步""全部撤销""鼠标""画笔""橡皮擦"，运用这些工具选中所要重绘的区域。笔者对衣服的图案部分进行了重绘，如下右图所示。

（4）在下方提示词文本框中输入提示词，笔者输入的提示词如下图所示。

（5）点击"二次元模型"选项，选择"二次元模型"中的"光效CG"模型，如下页上左图所示。

（6）在右侧菜单栏中进行参数设置。将图像尺寸设置为原图比例尺寸 1024×1536，"采样器"选择 DPM++2M Karras，负向提示词文本框中输入 (worst quality:2),(low quality:2),(normal quality:2),lowres,watermark,nsfw,EasyNegative，其他参数保持不变。

（7）设置好参数后，点击"生成"按钮，即可生成想要的效果图，得到的图像如下页上右图所示。

用个性相机实验功能得到多样化写真效果

个性相机可以实现将个人照片转化为多种风格与场景下的 AI 肖像照，只需简单操作就可以得到高质量的艺术化照片，大大降低了专业摄影的技术门槛，使得每一个人都能轻松创作出个性化十足的照片作品。具体操作步骤如下。

（1）点击左侧菜单 "AI 实验室" 中的 "个性相机" 按钮，默认 "基础版界面"，进入如下左图所示页面。

（2）点击上方 "模型训练" 菜单，上传需要处理的图像，笔者上传的图像如下右图所示。

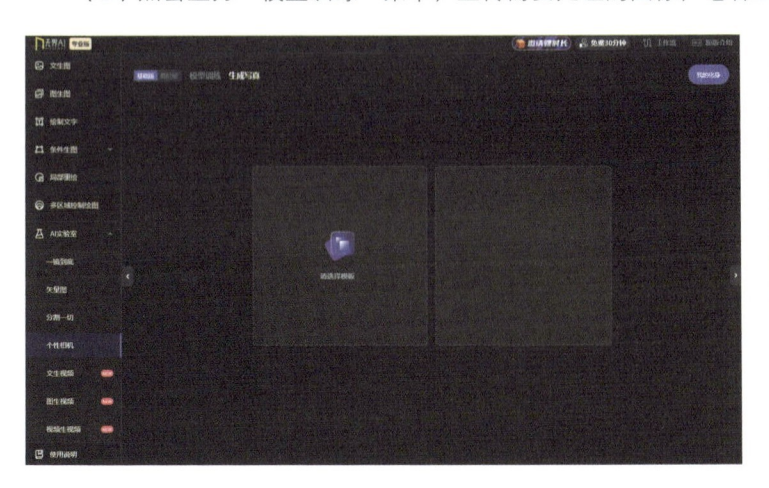

（3）点击下方 "开始训练" 按钮，大约需要等待 3~5 分钟即可训练 "我的化身"。

（4）点击上方 "生成写真" 按钮，选择喜欢的模板，具体模板样式如下页上左图所示。笔者选择了 "职业装 - 女 1" 的写真模板，如下页上右图所示。

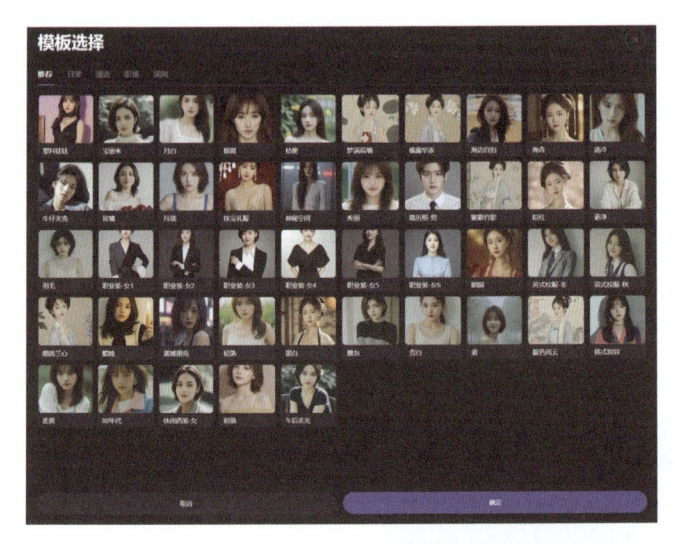

（5）在右侧"参数配置"中，选择刚刚生成的"我的化身"，并设置生成的数量，如右侧左图所示。

（6）点击"开始生成"按钮，即可生成写真照，得到的效果如右侧右图所示。

（7）高阶版相比于基础版，生成的 AI 写真更贴合真人图像，笔者在高阶版界面上传了九张人像图，如下左图所示。

（8）选择"月白"写真模板，生成的写真图像如右图所示。

一键制作视频

用文本生成视频

文生视频功能通过描述来生成相关文字内容的视频。在制作短视频、广告宣传片、教育课件等场景下，快速生成符合要求的视频来提高内容的表现力和吸引力。具体操作如下。

（1）点击左侧菜单"AI实验室"中的"文生视频"按钮，在下方文本框内输入想要的视频内容，笔者输入的内容为"高度详细的杰作，生机勃勃的水下珊瑚礁，中午，特写镜头"，如下图所示。

（2）进入右侧菜单栏进行参数设置，笔者设置的视频尺寸为 768×768，"生成时长"为4S，具体设置如下左图所示。

（3）点击下方"生成"按钮，即可生成想要的视频，笔者截取了一些视频画面得到的效果图，如下右图所示。

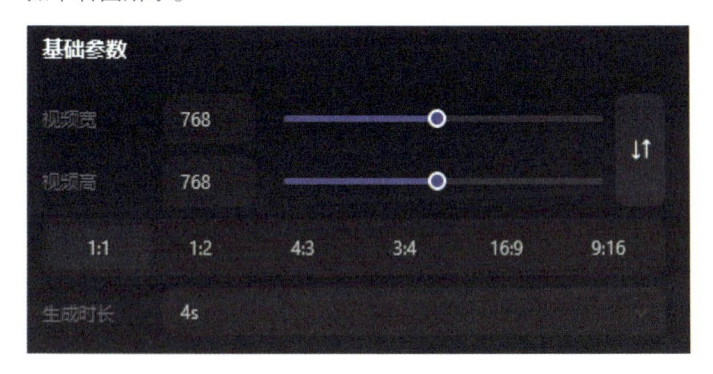

用图片生成视频

无界AI"图生视频"功能板块可以将静态的图像或插画转化为动态的视频，从而创造出更加生动、有趣的视觉效果，具体操作如下。

（1）点击左侧菜单"AI实验室"中的"图生视频"按钮，进入如右图所示界面。

（2）接下来上传示例图，笔者上传的图像如下左图所示。

（3）右侧参数菜单栏的参数设置保持默认不变，点击下方菜单即可生成视频，笔者截取了视频画面，如下右图所示。

用视频生成新视频

视频生视频功能更可以快速实现视频风格的转换，笔者将通过视频生视频把真人视频转化为动漫风格视频，具体操作方法如下。

（1）点击左侧菜单"AI实验室"中的"视频生视频"按钮，上传需要处理的视频，笔者上传的视频如下左图所示。

（2）在右侧"参数配置"栏选择合适的视频风格，笔者选择了"奇妙幻想"风格，如下中图所示。

（3）点击下方"生成"按钮，即可得到"奇妙幻想"风格的视频，得到的效果如下右图所示。

需要注意的是，无论是文生视频、图生视频还是视频生视频，总体来说，它们生成视频的效果还不理想，需要进一步完善。但是，生成视频是当前人工智能技术发展的重要趋势之一，并且具有巨大的潜力和广阔的成长空间，我们可以持续关注此功能的发展。

无界 AI 工作流使用方法

工作流是指利用人工智能技术辅助或驱动艺术创作的一系列自动化步骤和流程，能够省去创作者创作的时间成本，极大地提高艺术创作效率，同时允许创作者在不同程度上掌控创作过程，既可以遵循传统的艺术制作顺序，也可以探索全新的创作方式。在无界 AI 专业版中，无界 AI 为创作者们提供更多优质作品工作流的分享空间，以及学习参考内容，开放了工作流广场，创作者可以将自己的优质作品创作流程分享到工作流广场，同时可以学习生成其他创作者的优秀作品。接下来，笔者将通过工作流为图片更换背景，具体操作步骤如下。

（1）进入"无界 AI 专业版"创作界面，单击页面上方的"工作流"按钮，如下图所示。

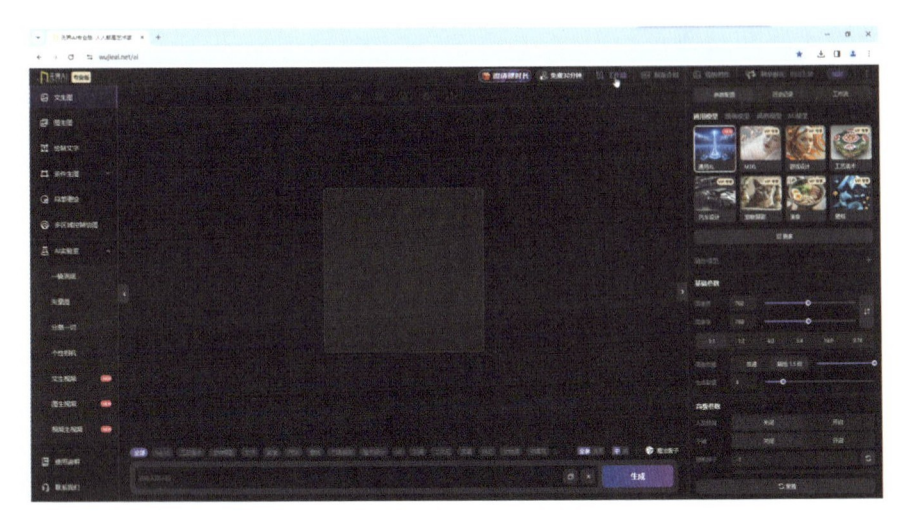

（2）进入工作流广场页面，选择"照片"选项，这里以"照片更换背景 - 迪士尼城堡"工作流为例，点击"一键同款"按钮，如下左图所示。

（3）在弹出的任务管理页面等待工作流生成后，在该工作流人物的右侧操作列表中点击"此参数前往创作"选项，如下右图所示。

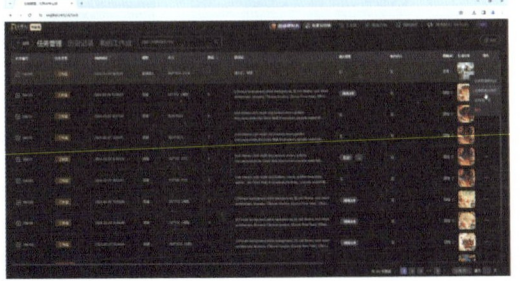

（4）进入工作流创作界面，在"01 输入"窗口中单击 ■ 按钮，将参考图片删除，点击上传准备好的素材图片，在图片中单击选中需要被分割的内容，添加 ● 标记，单击右下角"分步生成"按钮，第 1 步分割素材操作就完成了，如右图所示。

（5）单击"保存任务"按钮，单击左侧"02 条件生图"选项，进入条件生图工作流页面，在"02 输入"窗口中单击 ■ 按钮，将参考图片删除，点击上传准备好的素材图片，在右侧"参数配置"选项中的"图生图"选项中的参考图单击 ■ 按钮，将参考图片删除，点击上传准备好的素材图片，单击右下角"分步生成"按钮，第 2 步更换背景就完成了，如右图所示。

（6）最终生成图片如右侧右图所示，右侧左图为原图。无界 AI 的工作流是创作者的作品创作流程，有的工作流只需更换素材图片即可一键生成，有的工作流需要更换素材图片，调整参数，才能生成与创作者同样效果的图片，总体来说效果还不太理想，根据情况选择即可。

利用无界变现方式

点击无界 AI 上方菜单中的"商用图片"按钮，即可进入"无界版图"界面，"无界版图"用区块链技术为艺术作品一个数字版权登记和拍卖平台。创作者们可以通过售卖绘画商品来获取一定的收益，如下图所示。

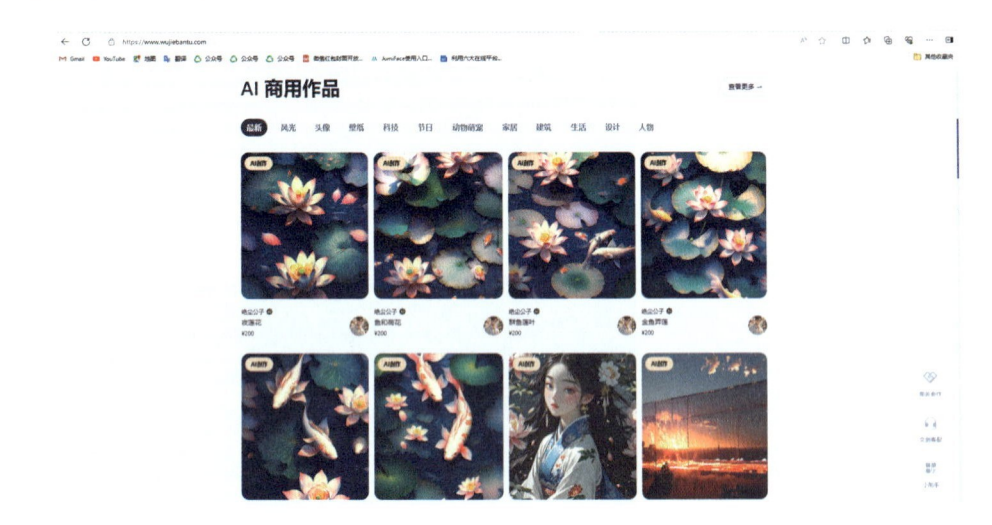

"无界版图"板块需要点击右上角进行登录，然后进行点击"申请入驻"按钮进行实名认证，如下图所示。认证后可以售卖所原创的商品。

售卖商品的具体流程如下所示。

作品的版权拍卖分为所有权、使用权和改编权，所有权具体分成情况如下左图所示，使用权具体分成情况如下中图所示，改编权分成情况如下右图所示。

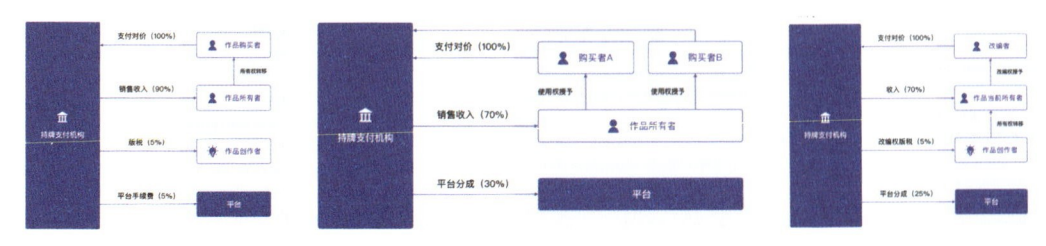

第6章

利用Liblib AI绘画平台进行创作

Liblib AI 简介及界面介绍

Liblib AI（哩布哩布 AI）是由北京奇点星宇科技有限公司提供的 AI 绘画原创模型网站和 AI 绘画工具平台。网站内包含数量丰富的模型资源。而且，无须登录即可轻松下载所需的模型资源，可以通过查看图片信息找到生成参数，十分便捷。Liblib 采用的是基础功能免费，进阶功能收费的运营模式。每日登录 Liblib AI 可以获取 200 算力，使用 AI 绘图功能会消耗算力。若算力不足，使用者可以通过开通会员资格获得更多算力值，开通基础版会员需要每月支付 50 元，专业版会员需要每月支付 100 元。

登录网址：https://www.liblib.ai/

哩布首页

哩布首页主要是"模型广场"板块，属于模型分享区域，在该平台上，使用者可以找到大量由 AI 生成或与 AI 相关的绘画、设计等艺术创作模型。目前，"模型广场"包括动漫游戏、摄影、插画、品牌及视觉设计、建筑及空间设计、游戏设计、写实等三十余类模型，如下左图所示。

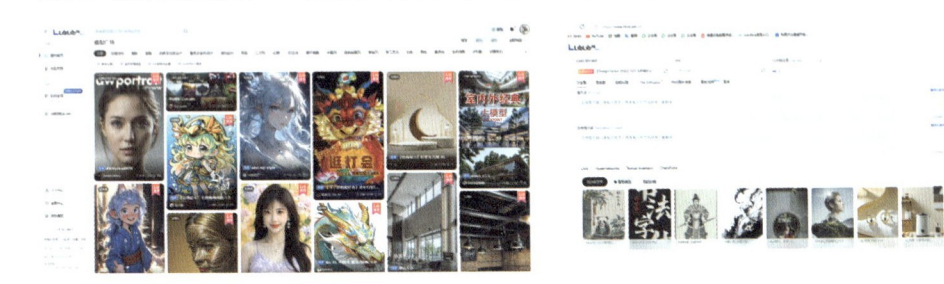

作品灵感

在 Liblib 作品灵感界面，可以浏览众多创作者上传的绘图实例，无论是专业插画师还是绘画爱好者，都能够通过查看他人作品获得灵感启发，也可以选中具体的图像作品后查看生成信息，从而复制生成图片的全部参数一键生成同款图像。

在线生成

Liblib 中的"在线生成"功能板块是主要的绘图创作功能区，包括文生图、图生图、后期处理、Tile Diffusion、PNG 图片信息、图生视频和图库，"在线生成"界面如下右图所示，具体文生图、图生图、后期处理、图生视频功能板块界面在使用方法中具体展示。除主要的功能外，笔者提醒各位读者要善于使用 PNG 图片信息功能。

其功能的作用是，读取创作者上传的图片参数信息，如正向提示词、反向提示词、Steps、Sampler、CFG scale、Seed、Size、Model（大模型、LoRA 模型）、Clip skip 和 ENSD 等。可以将读取到的参数信息一键发送到文生图、图生图、局部重绘和后期处理中，从而获得效果类似的图片效果。

用文生图功能得到海报素材图效果

Liblib 中的文生图是指输入文字生成相应的图像。具体操作步骤如下。

（1）点击"在线生图"中的"文生图"操作页面，进入下图所示界面。在这里，笔者的任务是通过文生图生成一张龙年海报素材图。

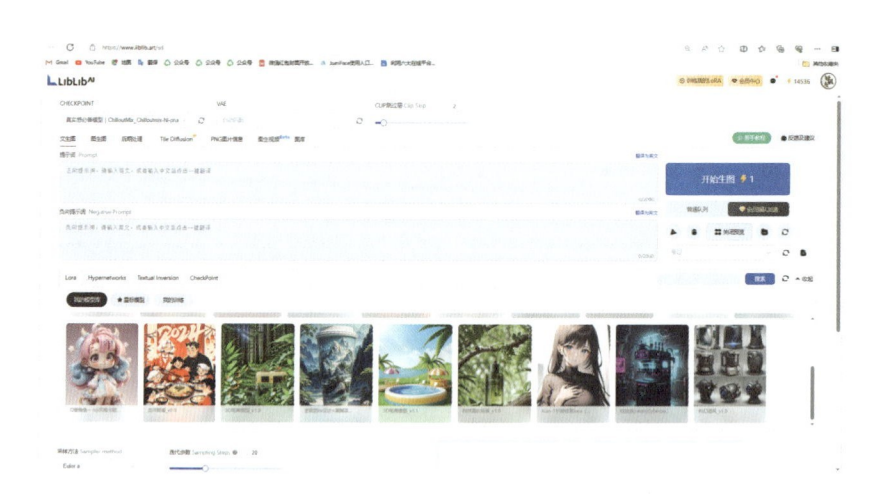

（2）在左上方 CHECKPOINT 选项中，点击"星际模型"菜单，在"模型广场"搜索 AWPainting_v1.2.safetensor 的大模型，点击"加入模型库"，即可添加到在线生图的 CHECKPOINT"我的模型库"中，如下图所示。

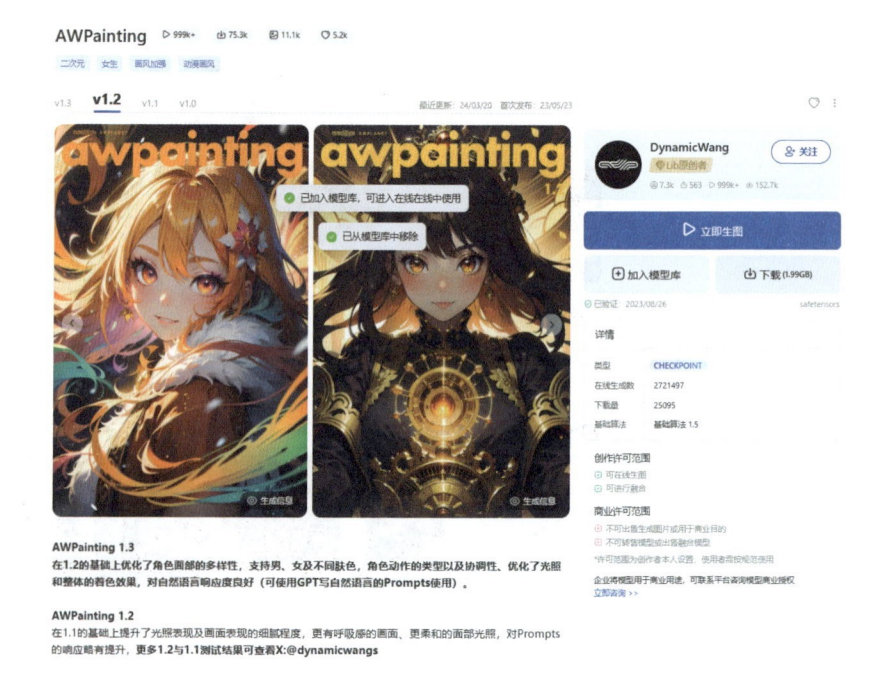

（3）设置 VAE 为"自动匹配"模式，设置 Clip Skip 值为 2，如下图所示。

（4）在提示词文本框中输入相关提示词，提示词的内容比较重要，海报素材图中出现的内容要尽可能地详细描述，这样生成的图片才能符合预期的效果，这里填入的是 masterpiece,best quality,shiny eyes,full shot,firecracker,smoke,dust,commercial illustration,hongbao,lantern,chinese new year,new year,rich background,Orange red is the main color,White background，如下图所示。

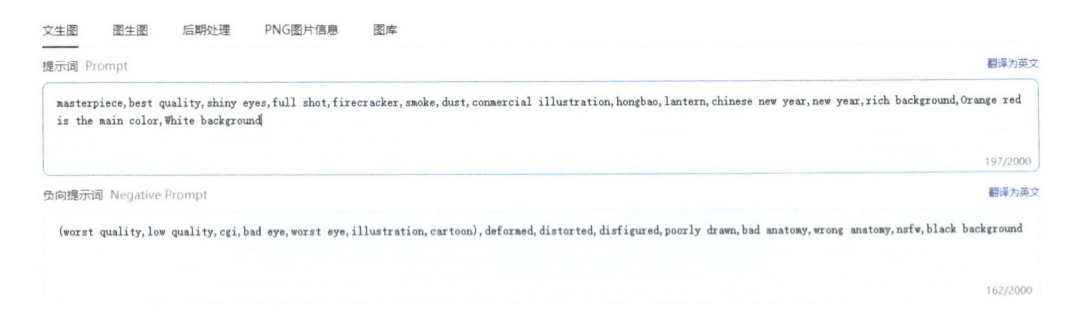

（5）在"模型广场"中搜索"3D—东方龙_v1.0"模型，点击"加入模型库"按钮，即可添加到在线生图的 LoRA"我的模型库"中，如右图所示。

（6）点击 LoRA 菜单，添加"3D—东方龙_v1.0"模型，并将"权重"设为 0.80，如右图所示。

第6章 利用Liblib AI绘画平台进行创作 | 115

（7）开启"面部修复"和"高分辨率修复"。"采样方法"选择DPM++ 2M Karras，"迭代步数"设置为25，尺寸设置为1440×2048，"放大算法"选择R-ESRGAN_4x+ Anime6B，"重绘幅度"设置为0.5，"放大倍数"设置为2，"提示词引导系数"设置为7.5，其他设置默认不变，如右图所示。

（8）点击ControlNet选项，进入ControlNet Unit 0图片界面，上传准备好的文字图片，勾选"启用""允许预览"，"预处理器"选择invert（白底黑线反色），模型选择control_v11f1p_sd15_depth，其他参数默认不变，如右图所示。

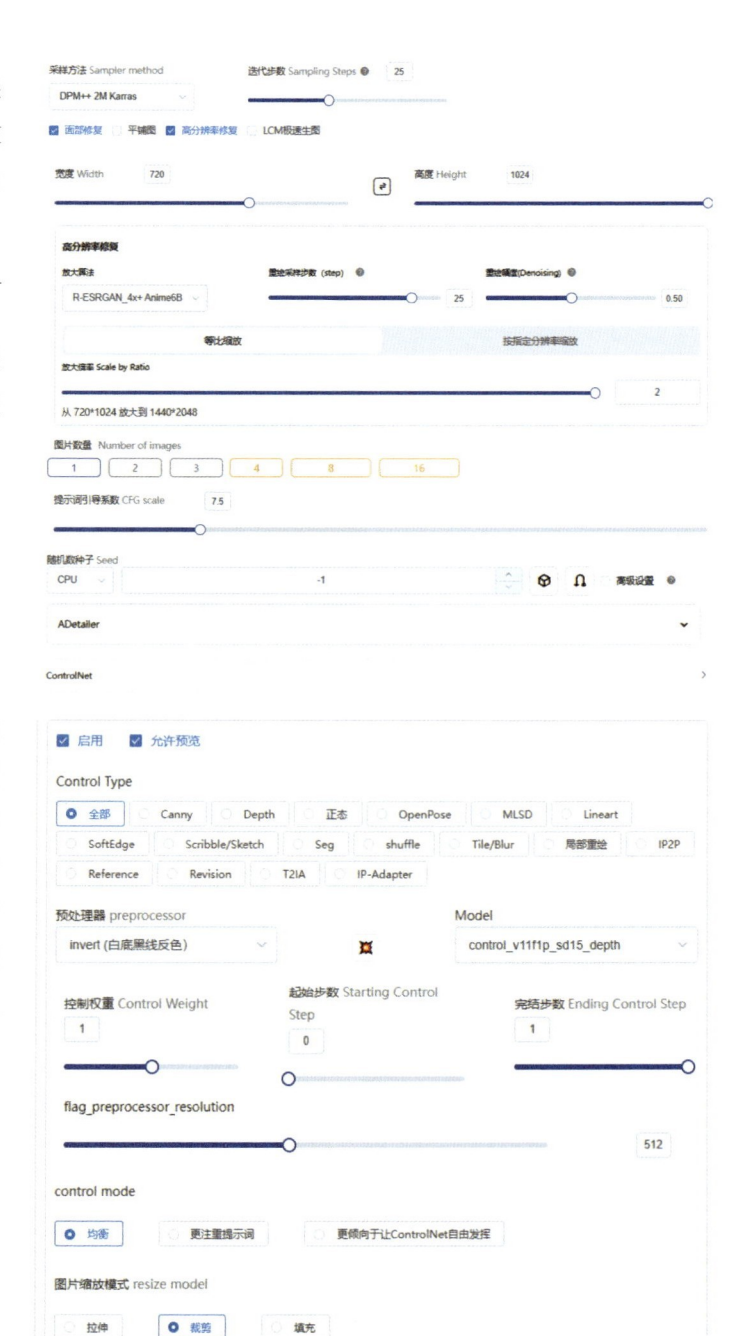

（9）点击⚙按钮，生成预览图，如下左图所示。

（10）点击右上方"开始生图"按钮，即可生成龙年素材效果图，如下右图所示。从生成的素材图中挑选一张效果最满意的，再通过 PS 或其他作图软件添加文字修饰即可完成海报的制作。

（11）如果想生成其他风格的素材图，可以尝试更换 CheckPoint 和 LoRA 模型，如果感觉效果还是不好，可以将多种风格结合起来，叠加 LoRA 模型出图，这里以乐高风格的龙年红包封面为例，具体操作步骤如下。

（12）进入 Liblib 中的"文生图"界面，在 LoRA 菜单右侧单击 CheckPoint 菜单，在"我的模型库"里将已经加入模型库的 CheckPoint 模型也像 LoRA 模型一样用卡片的形式展现出来，如下图所示。这样可以根据需求更加直观地选择 CheckPoint 模型了。

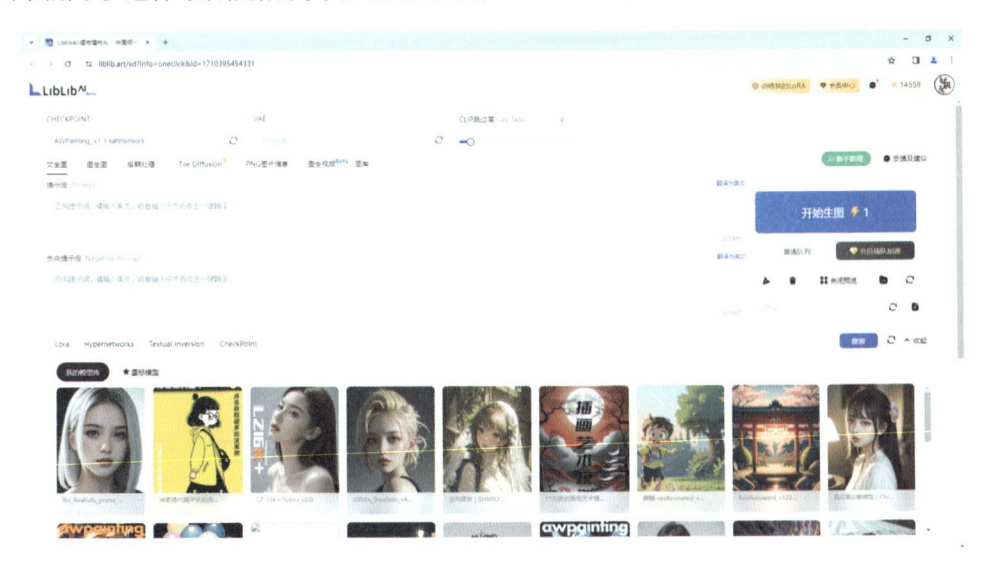

（13）在"我的模型库"中添加 lbc_Realistic_prune_v1.0.safetensors 模型，单击模型卡片即可一键更换 CheckPoint 模型，在提示词框中输入红包封面的相关提示词以及图像质量提示词，这里填入的是 masterpiece,8k uhd,high quality,8k,high detail,high detailed skin,no human,Chinese new year festival background，如下图所示。

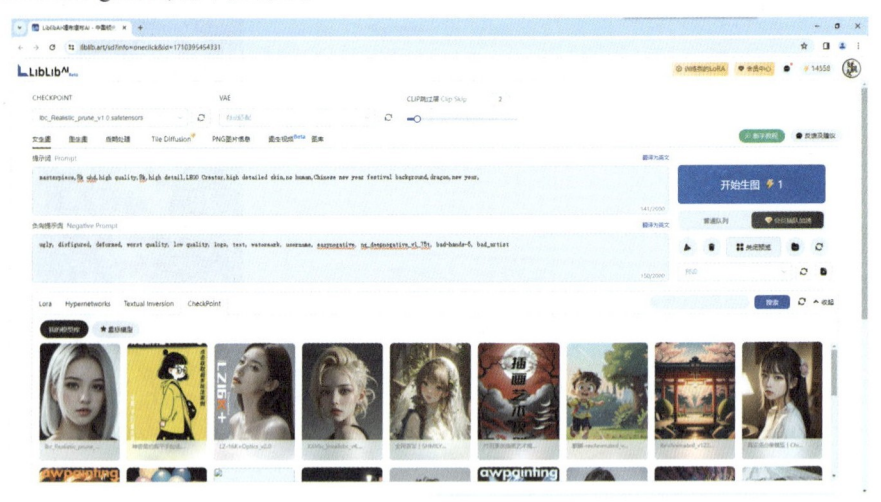

（14）单击 LoRA 菜单，在"我的模型库"中选择提前加入模型库的"新年红包封面""乐高风格""3D—东方龙"三个 LoRA 模型，并将权重依次设置为 0.6、0.7、0.7，因为这里红包封面不是出图的重点，所以红包的模型权重低一点，其他两模型权重一致即可，单击 LoRA 模型卡片上的 按钮，可以将每个模型的触发词直接添加到提示词框中，如下图所示。

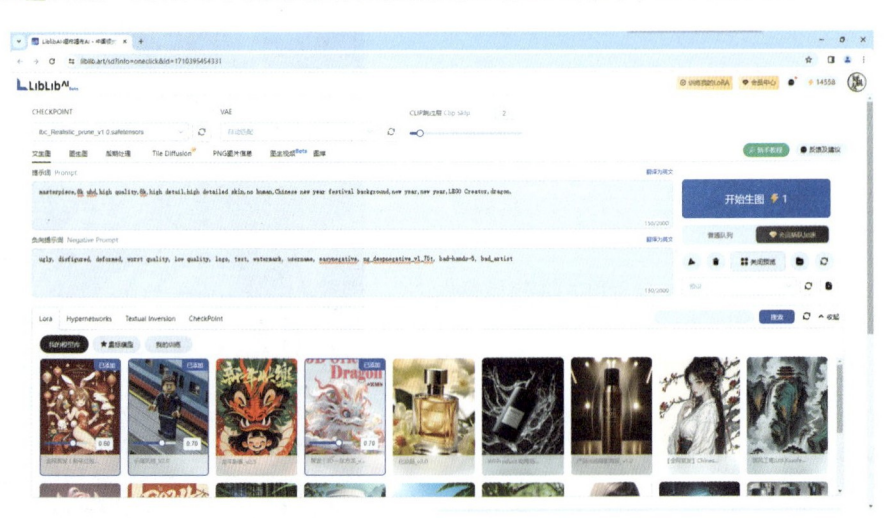

（15）"采样方法"选择 DPM++ 2M SDE Karras，"迭代步数"设置为 30，尺寸设置为 512×768，"放大算法"选择 4x-UltraSharp，"重绘幅度"设置为 0.3，"放大倍率"设置为 2，"提示词引导系数"设置为 7，其他设置默认不变，如下页上左图所示。

（16）单击右上方"开始生图"按钮，一张乐高风格的龙年红包封面图就生成了，如下右图所示。通过更换不同的 CheckPoint 模型和叠加多种 LoRA 模型，增加了创作的可能性，每个创作者都有可能生成精美的作品。

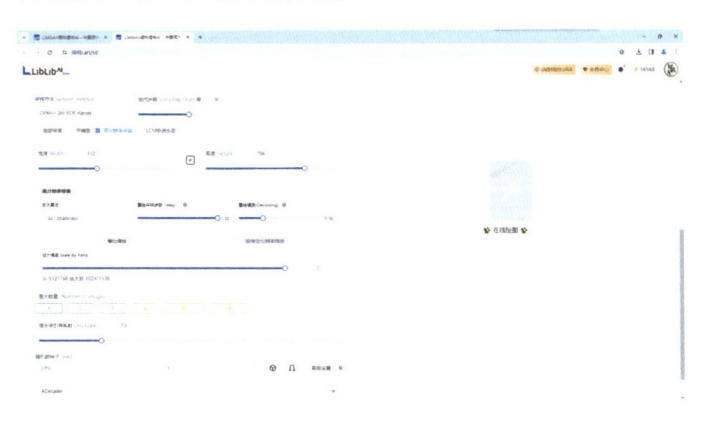

用图生图功能得到真人化效果

  Liblib 中的图生图是指，创作者可以上传一张图片作为参考或依据，通过 AI 对输入图像进行理解和分析后，生成新的艺术作品或者按照某种风格重新创作图像。Liblib 能根据上传图片进行"反推"，主要有"CLIP 反推"和"DeepBooru 反推"两种。

  » CLIP 反推：生成的提示词更像自然语言，一般是短语形式。

  » DeepBooru 反推：注重对于图片进行标签化，生成的内容大多数是以单词的形式出现，对于二次元图片的反推尤其擅长。

  笔者将通过把动漫人物图像转换成真人图像的例子来讲解 Liblib 中图生图的具体操作方法。

  （1）点击"在线生成"中的"图生图"菜单，在"图生图"选项中，点击上传准备好的动漫人物图片，笔者上传的动漫人物图片如右图所示。

（2）在左上方 CHECKPOINT 选项中，添加 "majicMIX realistic 麦橘写实 _v7.safetensors" 的大模型，并设置 VAE 为 "自动匹配"，Clip Skip 值设为 2，如下图所示。

（3）点击 "DeepBooru 反推" 按钮，使用提示词反推功能，从上传的图片中反推出正确的提示词，再补充一些画面质量的提示词，笔者填入的是 " 1girl, black hair, cloud, cloudy sky, hair flower, hair ornament, long hair, mountain, ocean, outdoors, sky, solo, upper body,realistic,Fujifilm XT3,8k uhd,masterpiece,best quality,super wide angle1girl,hanfu,best fingers,facing viewer,full frontal, magnificent,celestial,detailed," 如下图所示。

（4）"缩放模式" 选择 "拉伸"，"采样方法（Sampler method）" 选择 DPM++ 2M Karras，设置 "迭代步数（Sampling Steps）" 为 25，打开 "面部修复" 复选框尺寸与原图保持一致，这里是 512×768，"提示词引导系数" 设置为 7，"重绘幅度" 设置为 0.7，其他设置默认不变，如右图所示。

（5）点击打开 ControlNet 选项，进入 ControlNet Unit 0 图片界面，勾选"启用""允许预览"，点击上传动漫人物图片，Control Type 选择 Canny，"预处理器"选择 canny（边缘检测），模型选择 control_v11p_sd15_canny，其他参数默认不变，具体设置如下图所示。

（6）点击 ¤ 按钮，生成预览图，如下左图所示。

（7）点击右上方"开始生图"按钮，即可得到真人效果图，笔者生成的效果图如下右图所示。

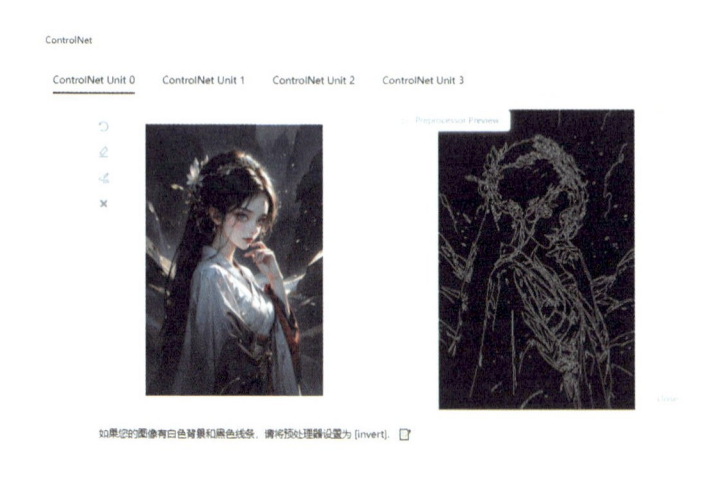

用图生视频功能得到动态视频效果

图生视频是指将静态的图像转换成动态视频的过程，界面如下左图所示。

（1）进入图生视频功能界面，点击上传图片的图标框，上传准备好的图像，笔者上传的图像如下右图所示，在此笔者的任务是将上传的图片变成动态的视频。

（2）设置 Motion Strength 为 127，如下图所示。

注意：建议优先选择 127，数值越低越倾向于主体运动，越高越倾向于镜头运动，但非绝对规则，需要根据图片特点在不同值下多做尝试；人像类图片的效果不稳定性较大，建议选择主体与背景分明的图片，进行多次尝试。

（3）点击"开始生成"按钮即可生成视频效果，最终得到的 4S 视频效果如下图所示。

Liblib AI 在产品设计中的实战应用

Liblib AI 使用深度学习技术，可以从大量数据中学习并生成新颖、独特的设计方案，有助于设计师创造出更具有创新性的产品，同时可以生成高分辨率、高清晰度的图像，使得设计方案更加精细、逼真，从而提高产品的设计品质，具体操作如下。

（1）进入 Liblib AI 首页页面，点击左侧菜单中的"在线生图"图标，点击上方"图生图"菜单选项，上传准备好的产品图片，笔者上传的产品原图如下图所示。

（2）在左上方 CHECKPOINT 选项中，选择"真实感必备模型 Deliberate_v2.safetensors"大模型，并设置 VAE 为"自动匹配"，Clip Skip 值设为 2，如下图所示。

（3）点击"DeepBooru 反推"按钮，从上传的图片中反推出正确的提示词，再补充一些画面质量的提示词，笔者输入的正向提示词为 reality,rich in details,ultra high quality,masterpiece,electric scooter,vehicle_focus,wheel,Lightweight,lamps,industrial design,full of imagination,sense of science and technology，如下图所示。

（4）点击LoRA菜单，添加"Gundam_Mecha 高达""机甲科技感(neon) CyberpunkAI"和"科幻道具_v1.0"三个模型，如右图所示。

（5）放模式选择"拉伸"，"迭代步数"设置为30，"采样方法"选择DPM++ 2M Karras，尺寸与原图保持一致，这里是800×800，图片数量设为1，设置"提示词引导系数"为7，"重绘幅度"调高一点，设置为0.7，其他设置默认不变，如右图所示。

（6）ControlNet控制类型选择Depth（深度），"预处理器"选择depth_leres (LeRes深度图估算)，模型选择control_v11f1p_sd15_depth，控制权重设置为0.8，其他参数默认不变，具体设置如右图所示。

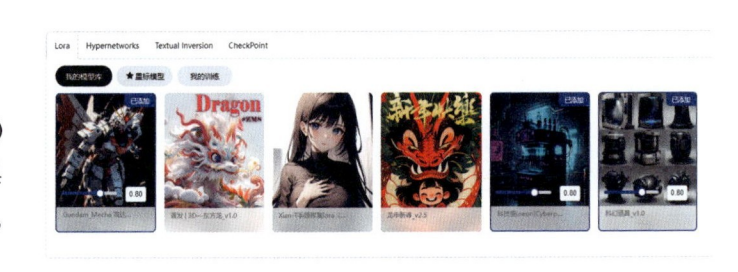

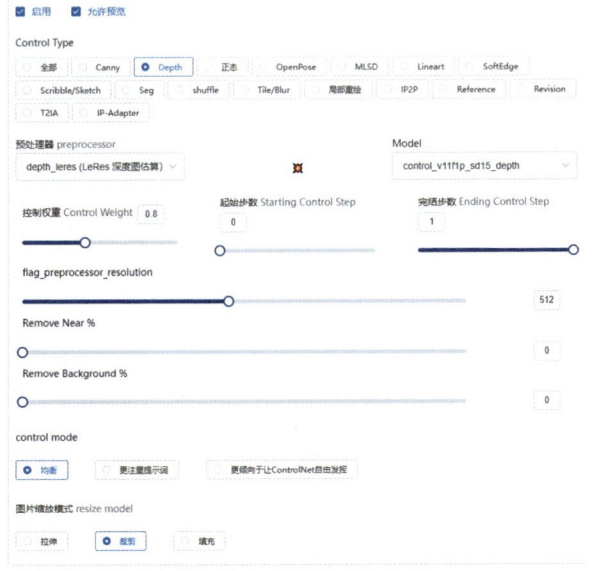

（7）点击 ❌ 按钮，生成预览图，如下左图所示。

（8）点击右上方"生成图片"按钮，即可生成产品图，如下右图所示。

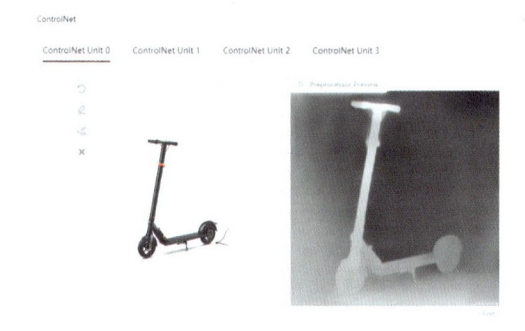

Liblib AI 在真人转动漫中的实战应用

真人转动漫可以将真实的人物或物品转化为具有艺术感的动漫形象图片，动漫形象图片可以用于社交媒体平台上的虚拟角色创建，能够以更加个性化的方式展示自己。同时，动漫形象图片还可以用于虚拟偶像和虚拟代言人的制作，为品牌营销和推广提供新的思路和方式，具体操作如下。

（1）进入 Liblib AI "图生图"界面，在"图生图"选项中，点击上传准备好的人物图片。笔者上传的图片如右图所示。

（2）在左上方CHECKPOINT选项中，选择"日式动漫风格_v1.0.safetensors"大模型，并设置VAE为"自动匹配"，Clip Skip值设为2，点击"DeepBooru反推"按钮，使用提示词反推功能，从上传的图片中反推出正确的提示词，再补充一些画面质量的提示词，这里填入的是"high-definition picture quality,fine details,8K,1boy,jacket,motorcycle,motor vehicle,ground vehicle,pants,facial hair,shirt,solo,outdoors,white shirt,leather,night,leather jacket,black jacket,boots,black pants,blurry,looking at viewer,short hair,open jacket,blurry background,open clothes,black footwear,black hair,full body,brown hair,realistic,beard,denim"，如下图所示。

（3）"缩放模式"选择"仅调整大小"，设置"迭代步数"为20，"采样方法"选择Euler a，尺寸与原图保持一致，这里是1024×1536，在Resize To中的"宽度"设为512，"高度"设为768，将Resize by中的Scale设置为2.00，"提示词引导系数设置"为7，"重绘幅度"设置为0.7，其他设置默认不变，如右图所示。

（4）点击ControlNet选项，进入ControlNet Unit 0图片界面，勾选"启用""允许预览"，点击人物图片，Control Type选择lineart（线稿），预处理器选择lineart，模型选择controlv11p_sd15_canny，其他参数默认不变，具体设置如右图所示。

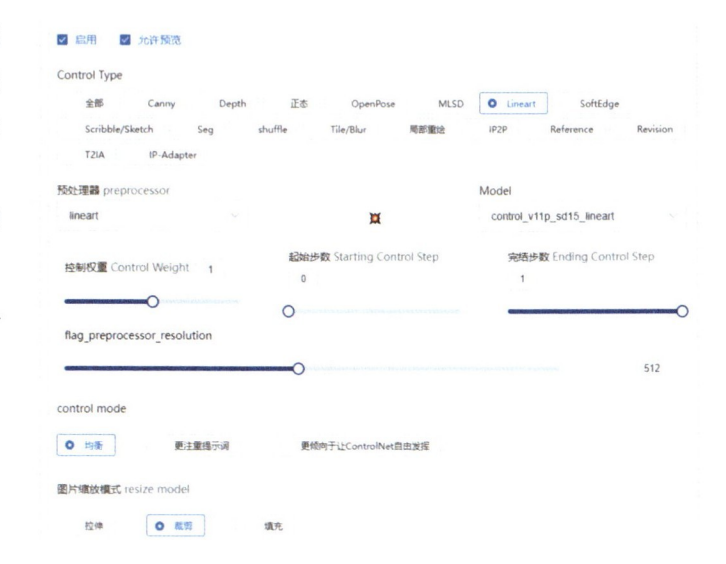

（5）点击 ¤ 按钮，生成预览图，如右图所示。

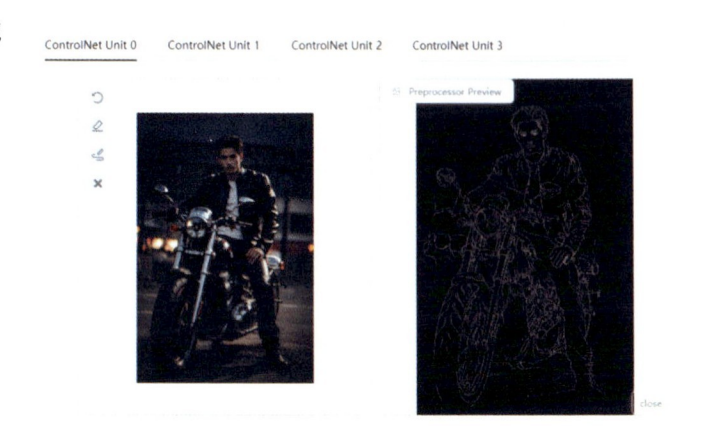

（6）点击右上方"开始生图"按钮，即可生成动漫效果图，生成的图片如右图所示。

Liblib AI 在人物换背景中的实战应用

人物照片更换背景可以将原本不理想的拍摄环境变得理想，提升图片的整体质量，还可以创造全新的视觉风格，如将人物放入动漫、油画或其他类型的背景中，给图片增加艺术感或梦幻感。所以使用 liblib 给人物照片换背景可以提升图片质量、突出人物、创造新风格，具体操作步骤如下。

（1）进入 liblib 中的"图生图"界面，点击"重绘蒙版"选项，上传准备好的人物照片，在 PS 中制作蒙版，将除人物以外的所有区域制作为蒙版，再上传蒙版图片。笔者上传的人物原图与蒙版如右图所示。

（2）在左上方 CHECKPOINT 选项中，选择"majicMIX realistic 麦橘写实 _v7.safetensors"的大模型，并设置 VAE 为"自动匹配"，Clip Skip 值设为 2，如下图所示。

（3）在提示词框中填入对新背景的描述，笔者填入的是"Best quality,masterpiece,(photorealistic:1.4),raw photo,realistic,ultra high res,sky,cloud,palace,chinese architecture,chinese style"，如下图所示。

（4）"缩放模式"选择"拉伸"，"蒙版模式"选择"重绘蒙版内容"，"蒙版蒙住的内容"选择"原图，""重绘区域"选择"全图"，"仅蒙版模式的边缘预留像素"设置为32，如右图所示。

（5）"采样方法"选择DPM++ 2M Karras，设置"迭代步数"为20，尺寸与原图保持一致，这里是512×1536，"提示词引导系数"设置为7，"重绘幅度"设置为0.7，其他设置默认不变，如下左图所示。

（6）点击右上方"开始生图"按钮，即可生成效果图，生成的图像如下右图所示。

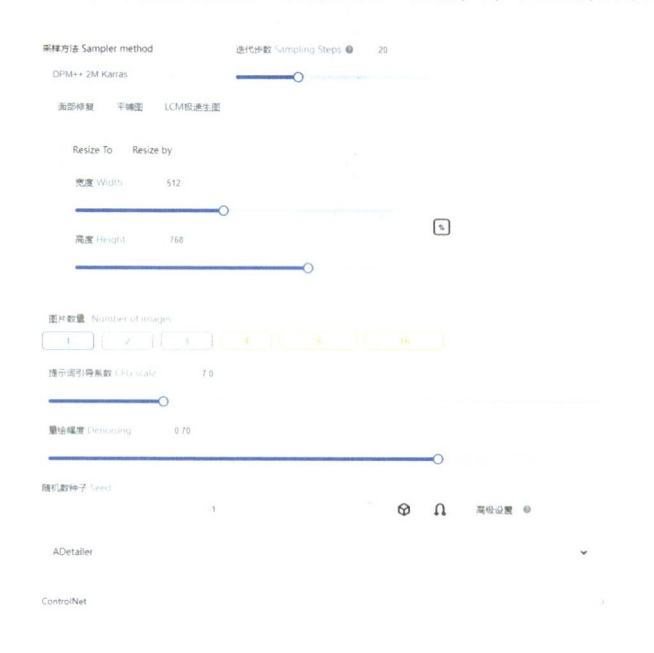

Liblib AI 在人物换装中的实战应用

在 AI 工具出现以前，拍摄服装的成本较高，聘请专业的模特都是按小时计费，聘请外模的价格更高，现在借助 Liblib AI，不仅可以实现模特换装，还可以替换不同的模特，而且和传统 PS 抠图相比，Liblib AI 的效果更加自然，具体操作步骤如下。

（1）进入 Liblib 中的"图生图"界面，点击"重绘蒙版"选项，上传准备好的人物照片，在 PS 中制作蒙版，将人物的衣服区域制作为蒙版，再上传蒙版图片。笔者上传的人物原图与蒙版如下图所示。

（2）在左上方 CHECKPOINT 选项中，选择"majicMIX realistic 麦橘写实 _v7.safetensors"的大模型，并设置 VAE 为"自动匹配"，Clip Skip 值设为"2"，在提示词框中填入对新衣服的描述，这里填入的是 Best quality,masterpiece,(Photorealistic:1.4),raw photo,realistic,ultra high res,orange sweater，如下图所示。

（3）"缩放模式"选择"拉伸"，"蒙版模式"选择"重绘蒙版内容"，"蒙版蒙住的内容"选择"原图，""重绘区域"选择"全图"，"仅蒙版模式的边缘预留像素"设置为32，如右图所示。

（4）"采样方法"选择DPM++ 2M Karras，"迭代步数"设置为30，尺寸与原图保持一致，这里是1024×1536，将Resize To 中的"宽度"设为512，"高度"设为768，将Resize by 中的 Scale 设置为2.00，"提示词引导系数"设置为7，"重绘幅度"设置为0.7，其他设置默认不变，如下左图所示。

（5）点击右上方"开始生图"按钮，即可生成变装效果图，生成的图像如下右图所示。

Liblib AI 在图像扩展中的实战应用

在处理数码照片时，有时需要向内裁剪，以突出画面重点与主体，有时需要向外扩展，以改变画面的布局。通常在外扩图像时，要使用专业的 Photoshop 软件，并确保其 AI 填充功能可用，以补全扩展得到的空白画布。但由于种种原因，Photoshop 的 AI 填充功能通常无法正确使用，此时可以考虑使用 Liblib 的图生图功能来扩展图像，具体操作步骤如下。

（1）进入 Liblib 中的"图生图"界面，上传需要扩展的图片，笔者上传的图像如右图所示。

（2）左上方 CHECKPOINT 选项中，选择"majicMIX realistic 麦橘写实 _v7.safetensors"大模型，并设置 VAE 为"vae-ft-mse-840000-ema-pruned.safetensors"，Clip Skip 值设为 2，点击"DeepBooru 反推"按钮，使用提示词反推功能，从上传的图片中反推出正确的提示词，对反推得到的提示词进行修改调整，最后笔者输入的提示词为 sunset,evening glow,cloud,orange_sky,sunset,twilight,gradient_sky,sky,sun,red_sky,scenery,ocean,tree,horizon,evening,cloudy_sky,sunrise,mountain,water,dusk,purple sky,star,lake,sunlight,shore,lens_flare,starry_sky,palm_tree,outdoors,city,masterpiece,best quality，如下图所示。

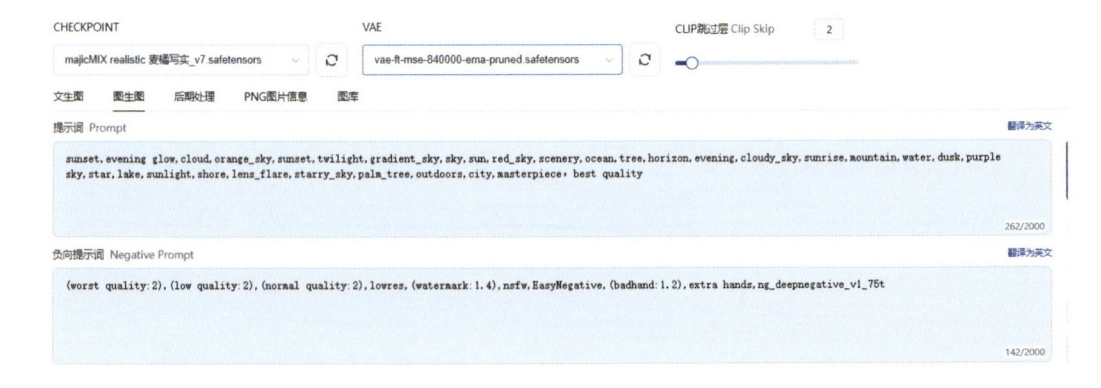

（3）因为要扩展图像，所以"缩放模式"选择"填充"，"迭代步数"设置为20，"采样方法"选择DPM++ 2M Karras，设置图像尺寸时，如果是上下扩展图像，图像宽度与原图保持一致，如果是左右扩展图像，图像高度与原图保持一致，这里要左右扩展图像，原图尺寸为800×1000，所以尺寸设置为1500×1000，将Resize To中"宽度"设置为750，"高度"设置为500，将Resize by的Scale值设置为2，"提示词引导系数"设置为8，其他设置默认不变，具体设置如右图所示。

（4）点击ControlNet选项，进入ControlNet 单元 0 单张图片界面，上传图像，勾选"启用""允许预览"，Control Type选择canny，"预处理器"选择canny（边缘检测），模型选择control_v11p_sd15_canny，其他参数默认不变，具体设置如右图所示。

（5）点击 ▶ 按钮，生成预览图，如下左图所示。

（6）点击右上方"开始生图"按钮，即可生成扩展效果图，如下右图所示。

Liblib AI 在产品换背景中的实战应用

通过给产品换背景，可以为同一产品创造多种不同的展示效果，增加产品的可塑性，可以使产品在视觉上更加突出、醒目，提高产品对消费者的吸引力，具体操作步骤如下。

（1）准备一张商品的白底图，进入 Liblib 中的"文生图"界面，点击左上方 CHECKPOINT 选项，选择"真实感必备模型｜Deliberate_v2.safetensors"大模型，并设置 VAE 为"自动匹配"，Clip Skip 值设为"2"，在提示词文本框输入相关提示词，笔者输入的提示词为 best quality,masterpiece,realistic,Product photography,bottled skincare,minimalism,ultra detailed,leaves,product flat on the natural grass,flowers,bright,clean minimal background,forest background，如下图所示。

（2）点击 LoRA 菜单，添加"自然美妆场景 v_1.0"模型，如下图所示。

（3）"采样方法"选择DPM++ SDE Karras，"迭代步数"设置为20，尺寸设置512×768，"提示词引导系数"设置为7.0，其他设置默认不变，如右图所示。

（4）点击ControlNet选项，进入ControlNet Unit 0图片界面，上传准备好的白底产品图片，勾选"启用""允许预览"，Control Type选择canny，预处理器选择canny（边缘检测），模型选择control_v11p_sd15_canny，其他参数默认不变，如右图所示。

（5）点击 ※ 按钮，生成预览图，如下左图所示。

（6）点击右上角"开始生图"按钮，即可生成产品效果图，得到的效果如下右图所示。生成的产品与原产品图发生了变化，需要在PS中替换原产品图片。

（7）打开 PS 软件，对产品进行替换，如下图所示。

Liblib AI 在制作艺术二维码中的实战应用

与传统二维码相比，艺术二维码更具视觉吸引力，能够吸引创作者的注意力，提高扫描和使用的意愿，Liblib 生成的艺术二维码可以根据品牌需求和风格进行个性化定制，满足不同行业的审美和功能需求，具体操作如下。

（1）进入 Liblib 中的"文生图"界面，点击左上方 CHECKPOINT 选项，选择 AWPainting_v1.2.safetensors 大模型，并设置 VAE 为 vae-ft-mse-840000-ema-pruned.safetensors，Clip Skip 值设为"2"，在提示词文本框输入相关提示词，笔者输入的正向提示词为 Masterpiece,best quality,(1 girl standing in front of the store),hat,solo,hair clip,long hair,blue eyes,sunflowers,dress,book,bow tie,grocery store,illustrations,cherry blossom tree,pink flowers,grass,moss,clouds,fallen leaves,detailed character design,clean background,white space，如下图所示。

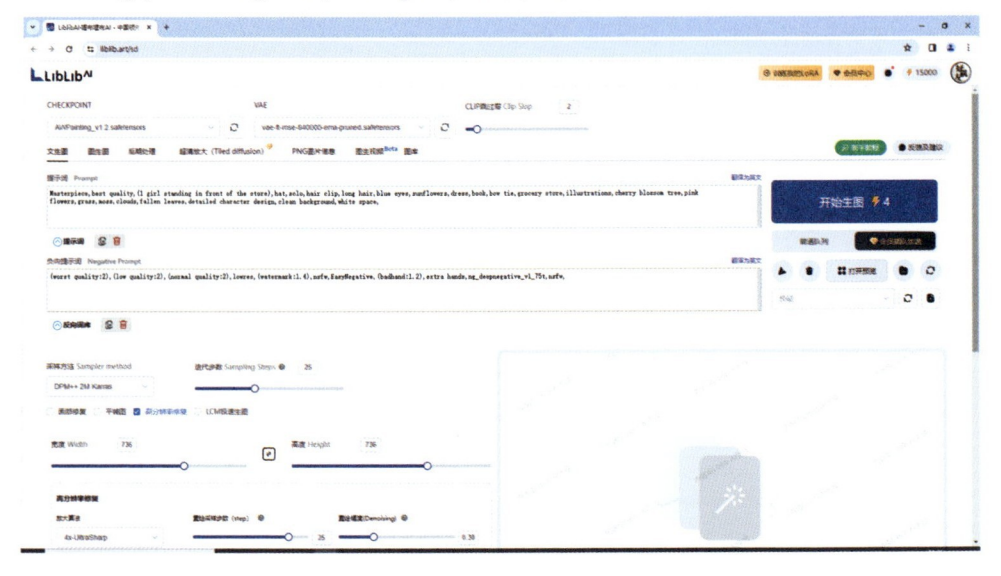

（2）"采样方法"选择DPM++ 2M Karras，"迭代步数"设置为25，开启"高分辨率修复"，"重绘采样步数"设置为25，"重绘幅度"设置为0.30，"放大算法"设置为4x-UltraSharp，尺寸设置为1472×1472，"提示词引导系数"设置为7，其他参数默认不变，具体设置如右图所示。

（3）点击ControlNet选项，进入ControlNet Unit 0图片界面，上传准备好的二维码图片，勾选"启用""允许预览"，Control Type点击"全部"选项，预处理器设置为none，模型选择control_v1p_sd15_qrcode_monster，"控制权重"设置为1.4，"起始步数"设置为0，"完结步数"设置为1，其他参数默认不变，如右图所示。

（4）点击右上角"开始生图"按钮，即可生成效果图，得到的效果如右图所示。

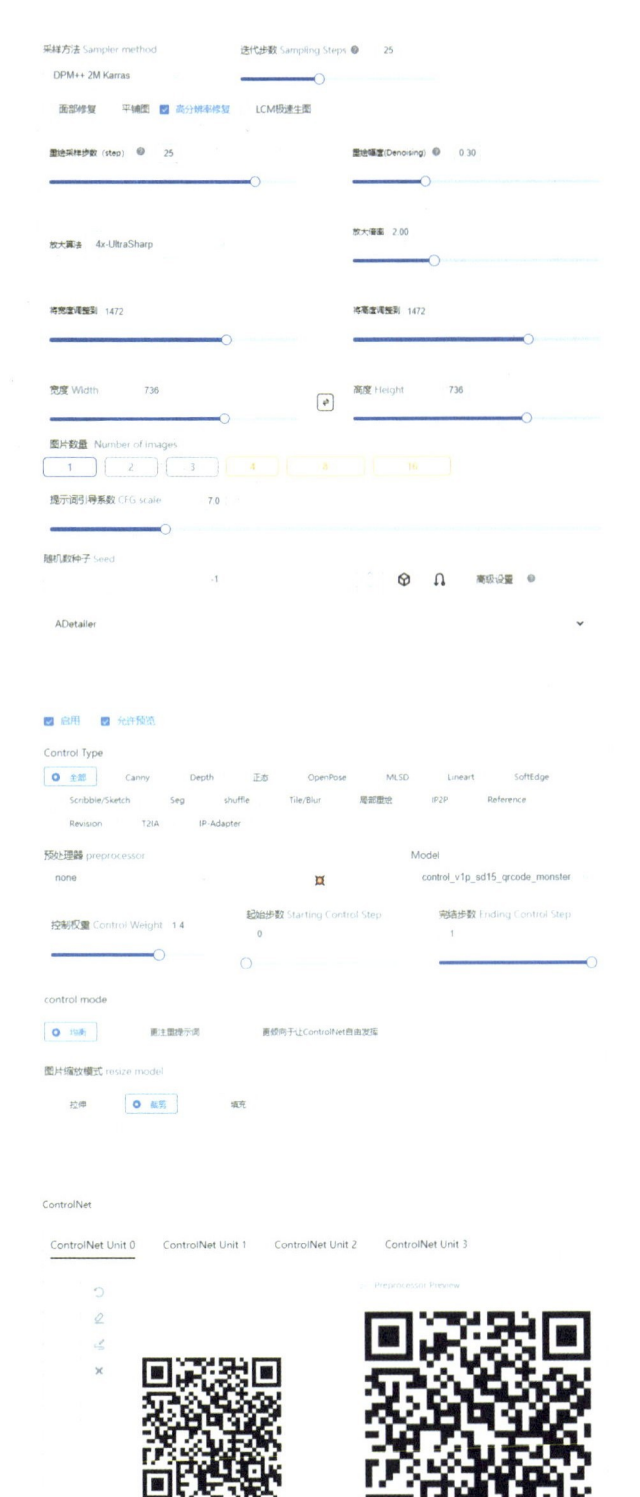

（5）进入ControlNet Unit 1图片界面，再次上传准备好的二维码图片，勾选"启用""允许预览"，Control Type点击"全部"选项，预处理器设置为none，模型选择control_v1u_sd15_illumination，"控制权重"设置为0.4，"起始步数"设置为0.2，"完结步数"设置为0.8，如右图所示。

（6）点击 ¤ 按钮，生成预览图，如右图所示。

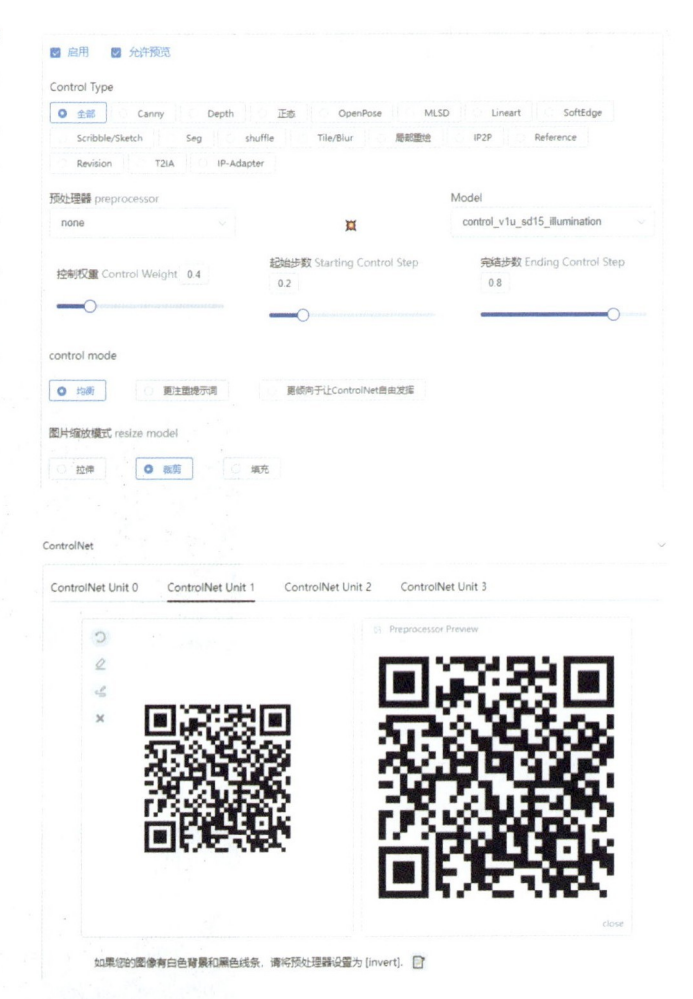

（7）点击右上角"开始生图"按钮，即可生成产品效果图，得到的效果图如右图所示。

Liblib AI 在照片重绘中的实战应用

在拍摄照片时，由于参数调整不当等原因，可能会导致照片的局部出现模糊、过曝等问题，为了修复这些缺陷，可以使用 Liblib 的重绘功能来优化照片，使照片整体看起来更加完美。笔者准备重绘一张部分画面过于黑暗、细节较差的照片，具体操作如下。

（1）准备一张需要重绘的照片，进入 Liblib"图生图"界面，在"图生图"选项点击上传准备好的图片，笔者上传的图片如右图所示。

（2）点击图片下方"局部重绘"按钮，将图片复制到"局部重绘"界面，用画笔涂抹照片中需要重绘的部分，如右图所示。

（3）点击左上方 CHECKPOINT 选项，选择"majicMIX realistic 麦橘写实 _v7.safetensors"大模型，并设置 VAE 为"自动匹配"，Clip Skip 值设为 2，在提示词文本框中填写相关提示词，正向提示词不用填写，在负向提示词中填入通用提示词，笔者填入的是 (worst quality:2),(low quality:2),(normal quality:2),lowres,(watermark:1.4),nsfw,EasyNegative,(badhand:1.2),extra hands, ng_deepnegative_v1_75t，如下页上图所示。

（4）"缩放模式"选择"拉伸"，"采样方法"选择 DPM++ SDE Karras，"迭代步数"设置为 30，尺寸设置 910×616，"提示词引导系数"设置为 7.0，"重绘幅度"设置为 0.45，其他参数默认不变，具体设置如下图所示。

（5）点击右上方"开始生图"按钮，即可生成局部重绘过的效果图，生成的图片中灯光变得更加自然了，得到的效果图如下图所示。

训练我的 LoRA

在"训练我的 LoRA"界面中,可以训练自己的模型,LoRA 训练是一种轻量化的模型调校方法,可以在不修改原有模型参数的前提下,利用少量数据训练出一种画风 /IP/ 人物,从而实现定制化需求。这种方法所需的训练资源比训练整个模型要小很多,因此非常适合社区使用者和个人开发者,界面如下图所示。需要注意的是,此功能需要开通会员才可使用。

这里以训练电商场景模型为例,操作步骤如下。

(1)首先收集电商场景类的图片,因为要训练风格类的模型,需要同一种风格的素材 40~60 张,但是现在大部分优质的图片需要付费,想找到大量符合要求的图片比较困难,所以换个思路,直接用 AI 生成的图片当作素材训练。

(2)进入"Liblib AI"网站,在哩布首页的搜索框中输入"电商",点击"搜索"按钮,搜索一个电商场景的模型,这里选的是"电商场景 MAX"模型,如下图所示。

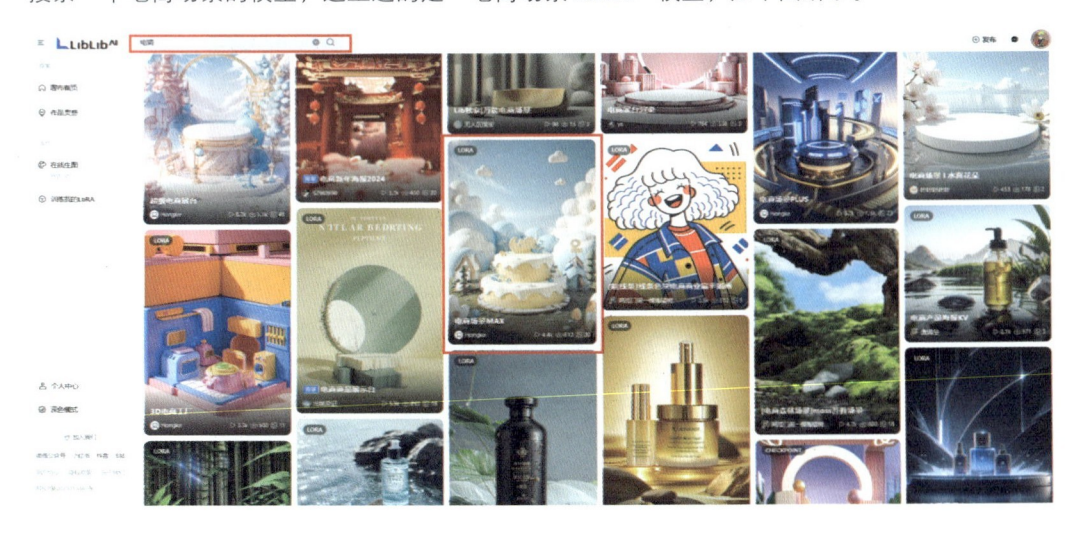

（3）将模型加入模型库，点击"立即生图"按钮，进入"文生图"界面，根据模型作者的参数推荐，底模为"动漫ReVAnimated_v1.1.safetensors"，VAE为"vae-ft-mse-840000-ema-pruned.safetensors"，如下图所示。

（4）我们将固定的正向提示词和想要在电商场景中出现的元素翻译成英文填入提示词框中，并将固定的消极提示词和不想的在图片中出现的元素翻译成英文填入负向提示词框中，如下图所示。因为我们要生成40张图片，所以每次生成的提示词要有变化，总体的提示词尽量涵盖全面。

（5）选择之前加入模型库的模型，选择"Lora""我的模型库""电商场景MAX"，根据模型作者的参数推荐将模型权重设置为0.8，设置"采样方法"为Euler a、"迭代步数"为20，如右图所示。

（6）勾选"高分辨率修复"复选框，设置"重绘采样步数"为20、"重绘幅度"为0.3、"放大算法"为R-ESRGAN_4x+ Anime6B、"放大倍率"为2，设置尺寸为512×768，因为需要的图片数量较多，每批数量设置为4，其他默认不变，如右图所示。

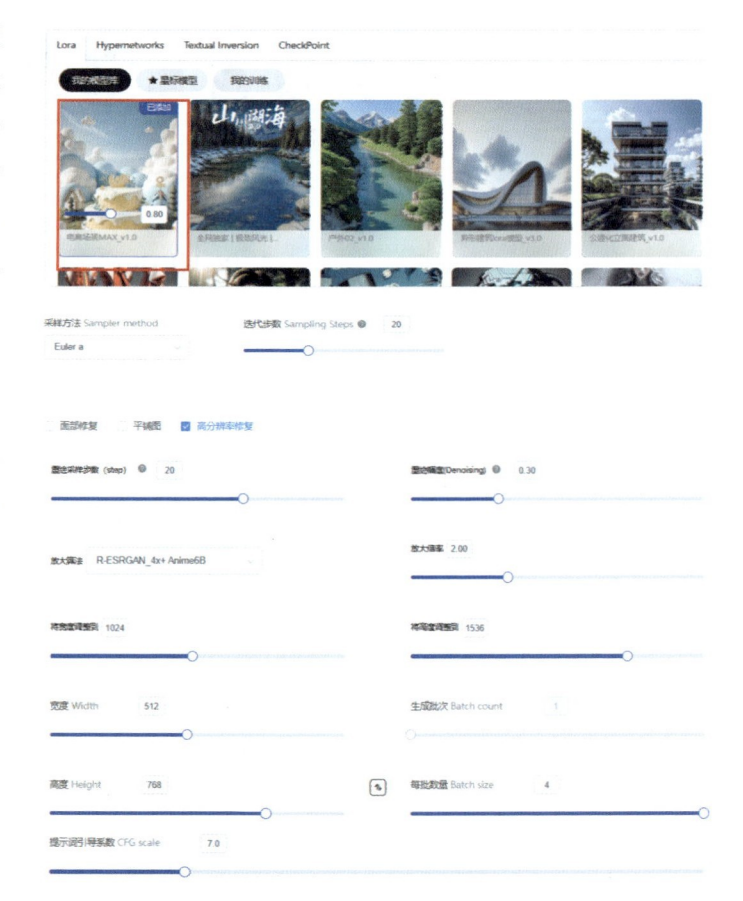

（7）最后点击"开始生图"按钮，生成了四张带有提示词的电商场景图片，并将其保存到本地，如右图所示。

（8）按照同样的步骤，修改提示词，再次生成电商场景图片，最终生成45张图片，如下图所示。

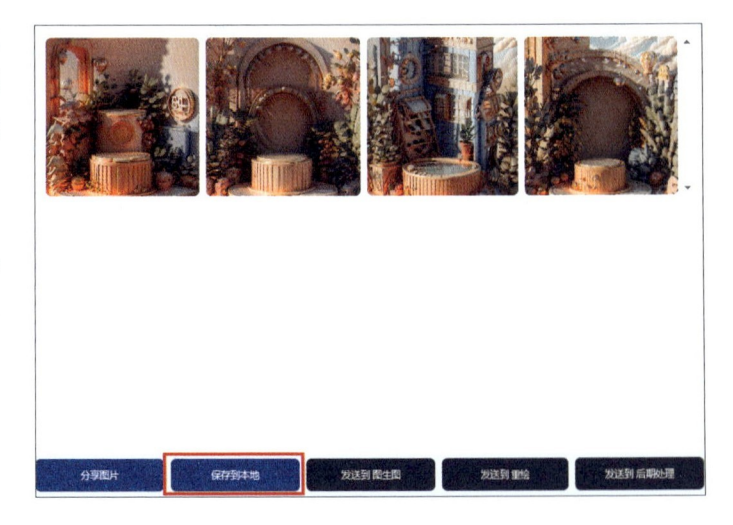

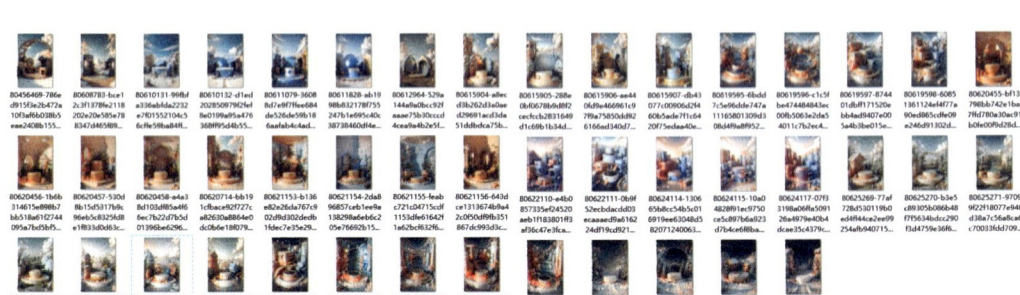

（9）在哩布首页界面，点击左侧"创作"选项栏中的"训练我的LoRA"按钮，如右图所示。

（10）进入训练LoRA界面，上方的预设模式选择"自定义"，因为这里想要保持原始的动漫画风，选择自定义可以使用任意底模，在左侧的参数设置中，使用底模设置为"动漫ReVAnimated_v1.1"，"单张次数"为10，"循环轮次"为10，也就是一张图片要训练100次，因为是风格类的LoRA，所以步数尽量要多一些，如右图所示。

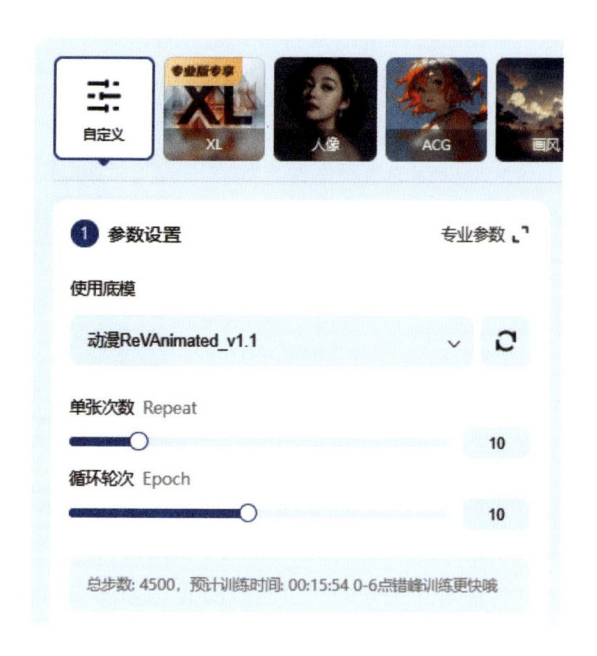

（11）点击参数设置窗口中的专业参数，在样图设置选项中，设置"样图分辨率"为512×768，设置"采样方式"为Euler a。与素材图尺寸一致，提示词影响每轮生成样图的结果，可以与素材图片的提示词一样，如下左图所示。在保存设置选项中，每N轮保存一个LoRA设置为1，就是每一轮训练完就会保存一个LoRA模型，因为设置了循环轮次为10，因此这里会生成10个LoRA，这样就可以在训练结束后在这10个LoRA中选取质量最好的LoRA，如下右图所示。

（12）在右侧图片打标／裁剪窗口中，因为素材没有打标签，所以这里点击"点击上传图片"，上传之前保存的素材图片，如右图所示。

（13）图片导入以后，下方的裁剪方式选择"无须裁剪"，因为图片都是同样尺寸，因此这里无须裁剪，"打标算法"选择 Deepbooru，它主要生成词组标签，也是最常用的打标方法，设置"打标阈值"为 0.6，"打标阈值"越小打标越细，一般适中就行，"模型触发词"这里设置为 dsscene，在某些特定的应用场景中，LoRA 模型可能需要使用触发词来启用，如下图所示。

（14）点击"裁剪／打标"按钮，每张图都会打上相应的标签，点击图片可以编辑每张图片的标签内容，删除与图片无关的标签，添加缺少元素的标签，如右图所示。

（15）最后点击开始训练，随着每一轮的训练结束，每一轮生成的 LoRA 都会以样图的形式展现出来，当训练完成以后，如果对训练的 LoRA 不满意，可以点击"重新训练按钮"按钮，返回到训练 LoRA 界面，并且参数也跟着恢复不变，如右图所示。

（16）在 LoRA 生成窗口点击打开右上角日志视图，可以看到 LoRA 每轮训练的"loss 值"，"loss 值"代表了在训练过程中模型的错误率或者损失程度，这个值越接近 0.08，说明模型的预测结果与真实结果越接近，模型的准确性越高，这里 LoRA 05 的"loss 值"是 0.11 左右，说明 LoRA 05 的效果相对较好，如右图所示。

（17）要看 LoRA 的效果到底怎么样，还需要使用它生图测试，点击"模拟生图测试"按钮，进入文生图界面，步骤与之前一致，LoRA 模型选择刚刚训练完成的第五个，这里已经将其改名为"电商场景 dscj"，如右图所示。

（18）最后点击"开始生图"按钮，便会生成一张以刚训练的 LoRA 为模型的图片，该图片基本与"电商场景 MAX"风格一致，如果再想生成电商场景图片，直接使用自己的模型即可，如右图所示。如果想融合别的模型，用其他模型生成等比例的素材图训练 LoRA 即可。

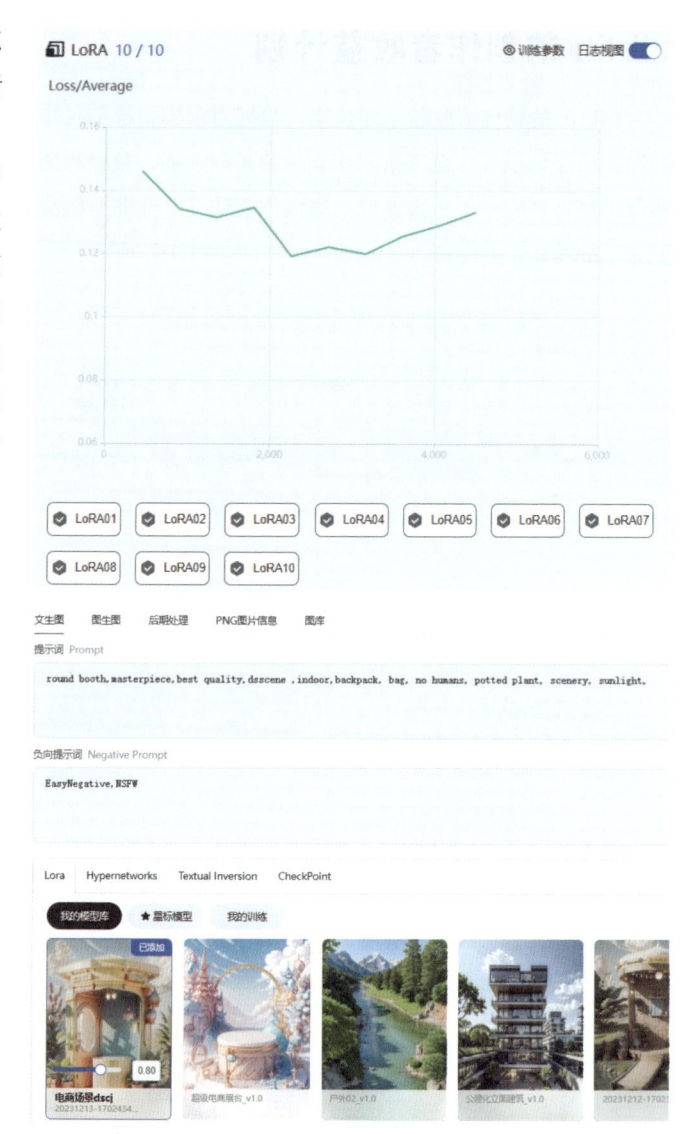

Liblib 的创作者收益计划

Liblib 的创作者收益计划是指，根据原创模型给平台带来的创作者价值，以月度为周期发放补贴，给原创模型作者带来创作收益的长期计划，激励计划面向全体原创模型作者开放，成功发布原创模型并在个人主页完成"原创作者认证"，即有机会获取平台激励收益补贴，收益中心界面如下图所示。

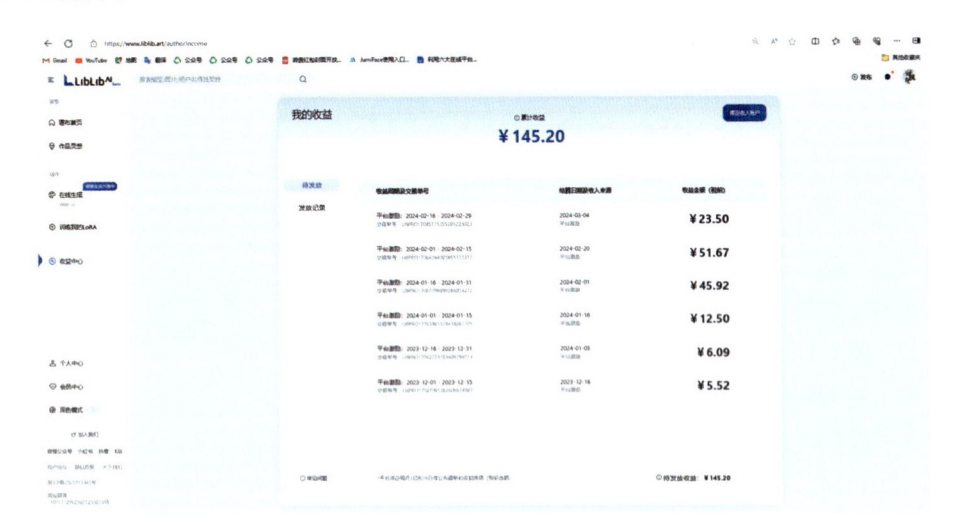

具体激励收益计算规则如下。

» 原创模型的收益补贴取决于其对平台用户的贡献，具体由用户喜爱度、满意度及垂类价值三方面综合计算。用户喜爱度通过有效下载、在线生图人数衡量；满意度以单个模型生图后的保存、分享、下载行为次数统计。垂类价值作为动态因素，随平台内模型供需状况调整，每期激励垂类及其判定标准以官方通知为准。

具体激励收益结算规则如下。

» 收益打款时间：每月 18-20 日统一打款。
» 收益打款方式：绑定收入账户后，如遇账户异常导致打款失败，更新信息后于最近周三重试。
» 查看：在 LiblibAI【我的】→【收益中心】查收益明细及到账状态。
» 收益公布周期：每月两次统计，分别于 16 日（上半月）、次月 1 日（下半月）。
» 收益公布方式：通过站内【平台激励收益报告】通知具体金额。

第7章

利用吐司AI绘画平台进行创作

吐司 AI 简介及界面介绍

吐司 AI（Tusi AI）是一个由上海必有回响智能科技有限公司运营的专注于 AI 绘画技术的在线平台与社区，构建了一个可以让创作者上传、下载及在线运行 AI 绘画模型的分享环境。普通使用者每天有 100 算力值用来生图，算力值消耗完后需要开通会员，每月需要支付 24.80 元。

登录网址：https://tusiart.com/。

首页

吐司 AI 首页包括模板、模型和帖子三大板块，具体介绍如下。

模板

吐司 AI 拥有多种风格和分类的模板，如动漫、真实、风景、机甲、写实、二次元、国风、奇幻、游戏 &3D、插画 & 广告设计、建筑 & 空间设计等，满足不同用户的个性化创作需求。此功能类似于无界的简化版本工作流。这些模板包括不同风格的预设配置，比如特定的艺术流派（如印象派、抽象艺术、动漫风格等）、主题类别（如风景、肖像、静物等），甚至可能是由专业设计师或用户社区创建并分享的具体设计布局或视觉元素集合，使用者可以通过吐司 AI 的模板一键制作同款，选中特定的模板，点击下方"使用"按钮，即可制作同款绘画作品，非常方便实用。模板的具体界面如下图所示。

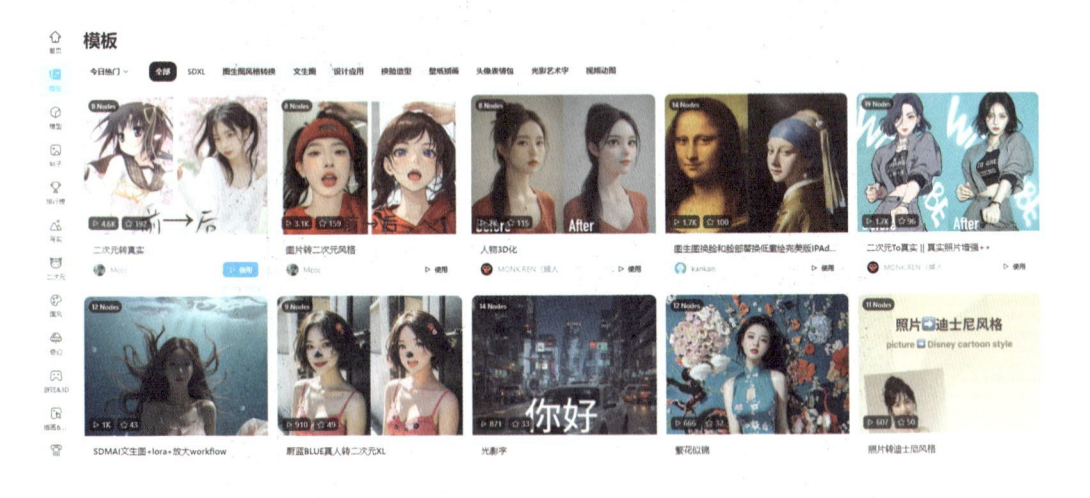

模型

使用者可以在模型平台中上传、训练、下载和使用相关模型。具体介绍如下。

» 上传模型：单击左上方的"上传我的模型"按钮，即可开始上传模型。上传模型的方式有两种，一种是"创建一个新的项目"，如下页左上图所示。另一种是"从 Civitai 导入"，如下页右上图所示。

» 训练模型：单击左上方的"在线训练"按钮，即可开始训练模型。具体训练模型界面如下图所示。

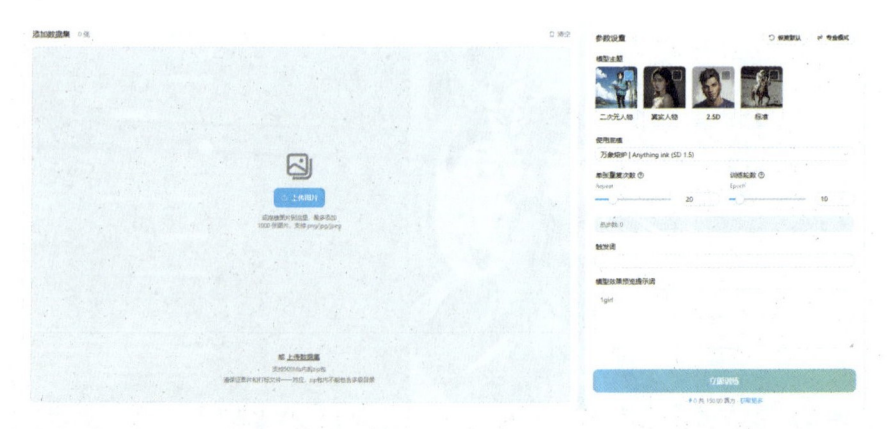

» 下载和使用相关模型：模型平台上有大量预训练好的 CHECKPOINT 和 LoRA 模型，涵盖多种风格和主题，如动漫、真实人物、3D、建筑、汉服、摄影、国风、动物、风景、Q版、机甲、武侠、科技、设计等各种类别。选中特定的模型，单击"运行"按钮，即可使用相关模型，具体界面如下图所示。

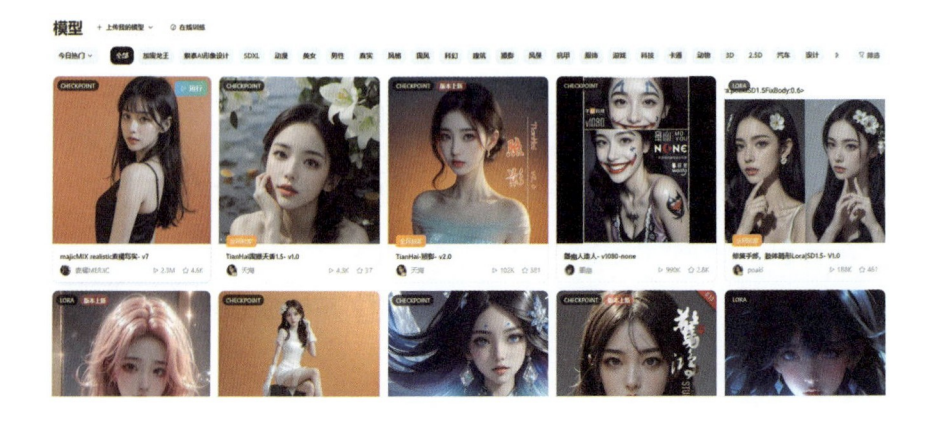

帖子

可以将已创作完成的 AI 绘画作品以帖子的形式发布，与不同的创作者进行交流，界面如下图所示。

在查看别人发布的帖子时，可以看到 AI 绘画作品制作的全部参数，可以选择"做同款"，或者"复制"全部参数，如下图所示。

在线生图

"在线生图"菜单下拉列表中包括"经典模式""工作流模式"两个创作板块和"解析图片提示词"工具板块。如右图所示。

三个板块的界面介绍如下。

第7章 利用吐司AI绘画平台进行创作 | 151

» 经典模式：最常用的创作界面，包括文生图、图生图和文生动图三种具体的创作模式，界面分别如下图所示。

» 工作流模式：可以辅助AI绘画创作工作，提升创作效率。单击"新建"按钮，可以选择"新建一个空白工作流"或者选择特定的模板工作流。如下左图所示。工作流创建完成后，点击"运行"按钮即可生成想要的效果图。工作流如下右图所示。点击右上方的"发布模板"按钮，即可将工作流发布到模板。

» 解析图片提示词：上传图片后可提取出相关提示词，提高AI创作的效率，界面如右图所示。可以复制提取的提示词，也可以发送到创作界面展开创作。

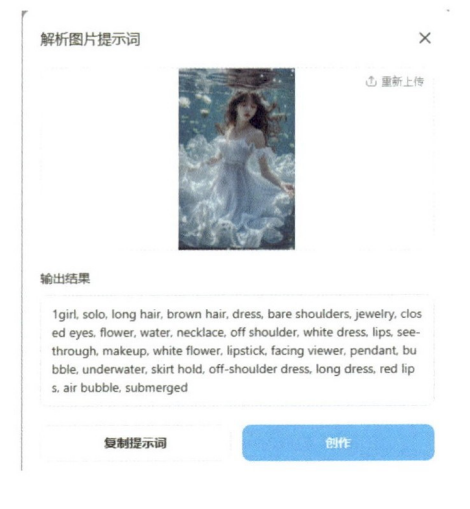

用文生图功能得到个性化图像

文生图是指输入文字生成相应的图像。接下来，笔者将通过文生图生成一张女孩图像，具体操作步骤如下。

（1）进入文生图界面，在左侧模型选项框中，选择 Bigmix - v2R（https://tusiart.com/models/608779749864692549）为基础模型，LoRA 风格为"小红书港风 - gf.v1 0"（https://tusiart.com/models/615998297104138859），"动作姿态"为 Control Step 0-1，VAE 设置为自动，如右图所示。

（2）在左侧提示词文本框中输入"正向提示词"和"负向提示词"，如下左图所示。在设置选项框中，设置图片大小为 512×768，设置"采样算法（Sampler）"为 Euler a，其他保持默认不变，如下右图所示。

（3）打开"高清修复"复选框，增加图像尺寸和提高图像清晰度，具体设置如右图所示。

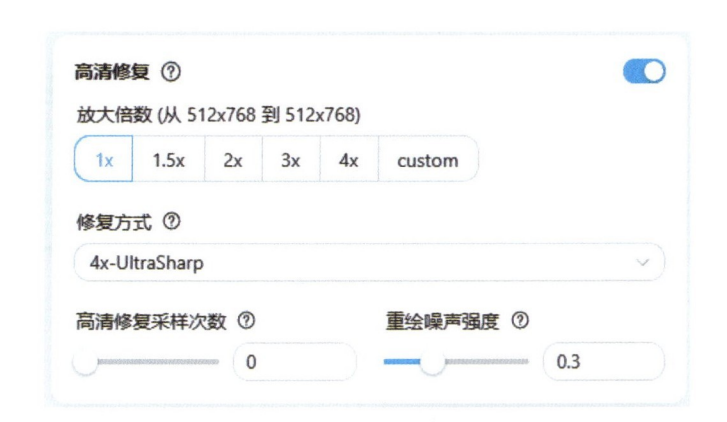

（4）打开 ADetailer 复选框，修复针对脸部畸形问题，也能修复手部或身体的畸变，具体设置如右侧左图所示。

（5）单击"在线生成"按钮，即可生成想要的效果图，得到的图像如右侧右图所示。

用图生图功能得到真人化图像效果

图生图是指上传一张源图片为基础，生成与之相关联但有所变化或风格化新图片的过程。接下来，笔者将通过图生图把一张动漫图像变成一张真实感风格图像。

（1）进入图生图界面，单击左上方上传图像区域，上传所需要的图像，笔者上传的图像如下左图所示，上传图像后的界面如下右图所示。

（2）在左侧模型选项框中，选择基础模型为"majicMIX realistic 麦橘写实 - v7o"（https://tusiart.com/models/645273936655008607），选择 LoRA 风格为"清纯少女写真|Pure Girl - 1.00"（https://tusiart.com/models/659951209999848324），VAE 设置为自动。具体设置如左图所示。

（3）在左侧提示词选项框中输入"正向提示词"和"负向提示词"，笔者输入的提示词如下右图所示。

（4）设置"重绘噪声强度"为 0.3，设置图片大小为 512×768，设置"采样算法（Sampler）"为 DPM++ 2M Karras、"采样次数"为 20，设置"提示词相关性（CFG Scale）"为 7，其他保持默认不变，具体设置如下左图所示。

（5）单击"在线生成"按钮，即可生成效果图，得到的图像如下右图所示。

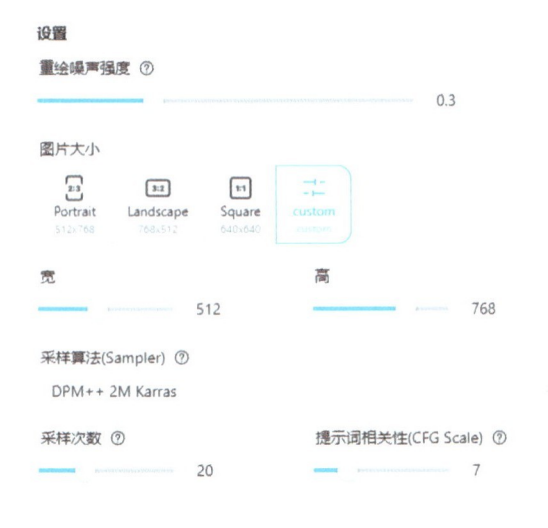

用文生动图功能得到动态视频效果

传统动态图的制作需要大量的人工绘制和编辑每一帧，而 AI 技术则可以自动处理这些过程，降低人力成本，为创作者和设计师提供了高效、便捷的动图生成工具，吐司"文生动图"功能，可以迅速将抽象的文字概念转化为可视化动态内容，大大加快创作速度和效率。具体操作步骤如下。

（1）进入"文生动图"界面，添加模型，笔者选择的模型为"ToonYou - JP - alpha 1"，VAE 选择 Automatic 模式，如下左图所示。

（2）接下来在文本框中输入提示词，笔者输入的提示词为" best quality,masterpiece,1girl,looking back, ,look to the lens,long hair,blouse,park,falling flowers,upper_body,0: closed mouth, closed eyes,4: open mouth,open eyes"其中"0：closed mouth, closed eyes"是指从第 0 帧开始是闭着嘴巴和闭着眼睛，"4: open mouth,open eyes"是指从第四帧是张开嘴巴和张开眼睛，具体提示词如下右图所示。

（3）在"设置"菜单栏完成相关设置，图片大小选择 Custom，"宽"设置为 512，"高"也设置为 512，设置"采样算法（Sampler）"为 Euler a，设置"采样次数"为 25，"提示词相关性（CFG Scale）"设置为 7，"帧数"设置为 8，"帧率（FPS）"设置为 4，具体设置如右图所示。

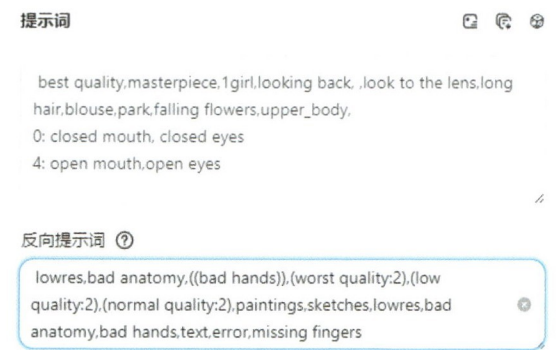

（4）点击"在线生成"按钮，即可生成 GIF 动态图，得到的效果如下两张图所示。

吐司 AI 工作流基本使用方法

ComfyUI 作为一款基于节点流程式的 Stable Diffusion AI 绘图工具，为创意设计带来了革命性的变革，ComfyUI 需要较高的配置运营环境，但是吐司 AI 平台接入了工作流模式，全面还原了 ComfyUI 的工作环境，提供了线上 ComfyUI 体验，具体操作步骤如下。

（1）进入"吐司 AI"网站，在页面上方的"在线生图"列表中单击"工作流模式"，如下图所示。

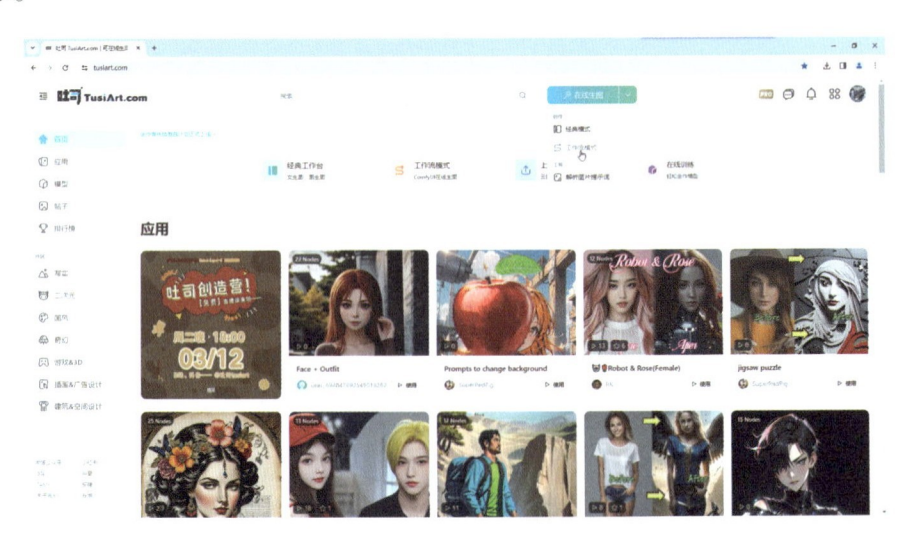

（2）进入工作流模式页面，可以新建工作流，导入工作流，还可以查看我的工作流历史记录，如下页上图所示。

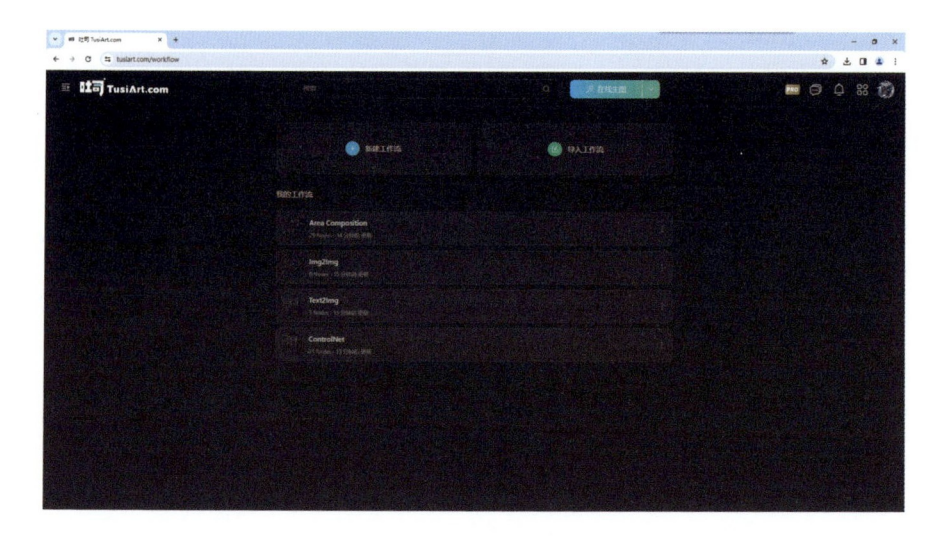

（3）单击"新建工作流"按钮，在弹出的推荐模板窗口中可以选择新建空白工作流，也可以根据需求选择已经创建好的工作流，这里以新建空白工作流为例，其他创建好的工作流都是以空白工作流为基础创建的，基础内容一致。单击"新建空白工作流"按钮，如下图所示。

（4）进入空白工作流页面，吐司 AI 的空白工作流默认为文生图工作流，如下页上图所示。文生图工作流本质与 SD WebUI 的文生图功能一致，操作步骤也没有太大变化，也是通过输入正面提示词和负面提示词，设置"大模型""迭代步数""采样方法""图片尺寸""提示词引导系数"，再单击"运行"按钮完成出图。

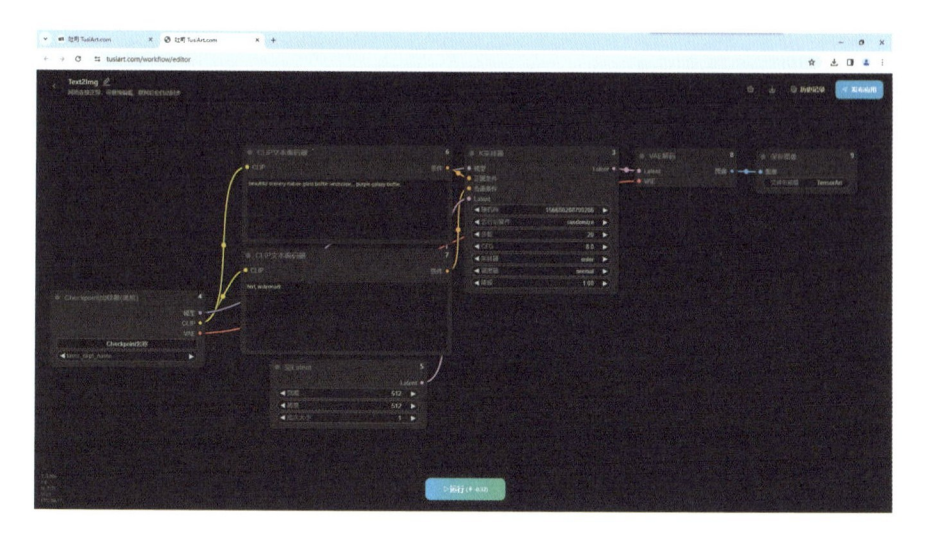

（5）这里通过简单的提示词及设置生成了一张小女孩动漫图片，如下图所示。

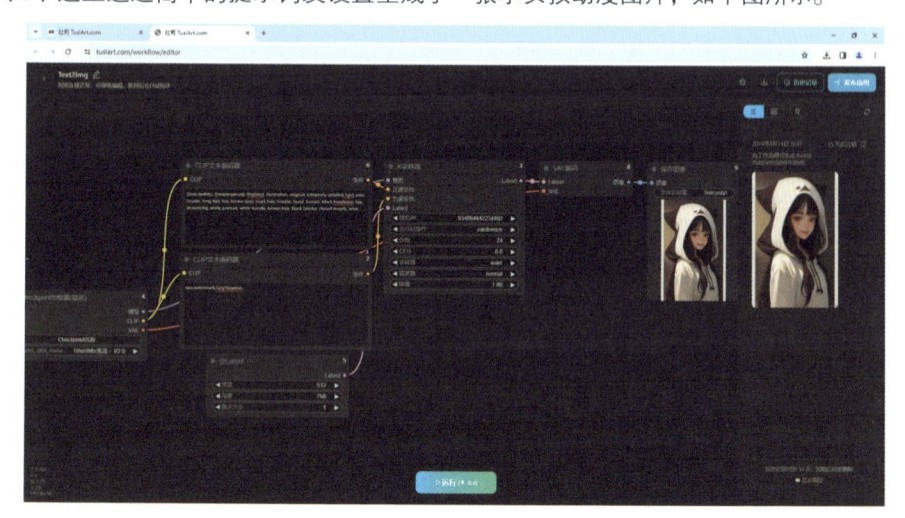

（6）如果提前下载了工作流文件也可以直接导入使用，在工作流模式页面，单击"导入工作流"按钮，在弹出的窗口中选择提前下载好的工作流文件，这里选择的是"文生图加LoRA"工作流文件，如下图所示。

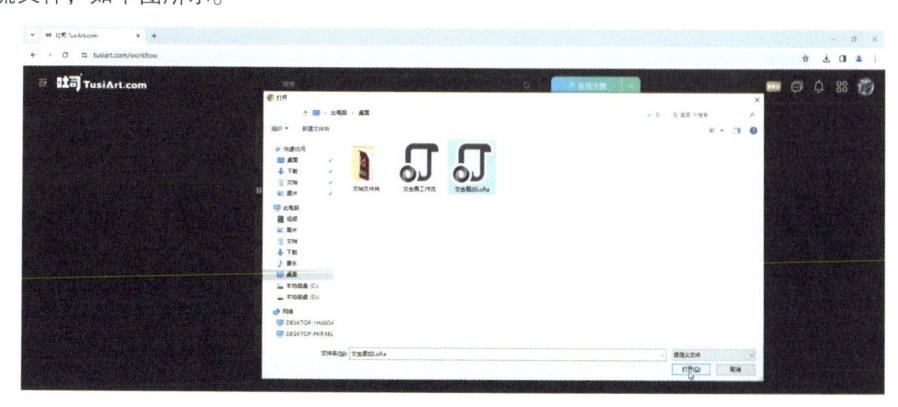

（7）单击"打开"按钮，进入文生图加 LoRA 工作流页面，该工作流在文生图工作流的基础上增加了"LoRA 加载器"节点，如下图所示。

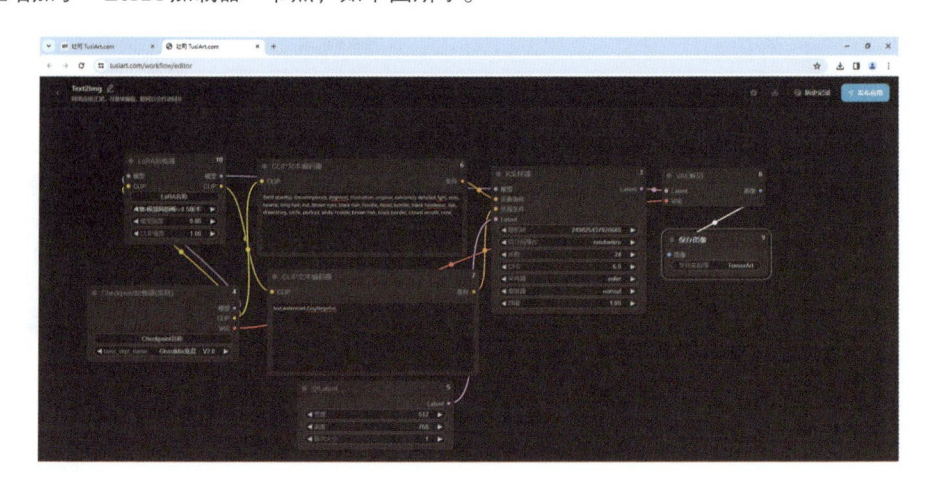

吐司创作具体实例

用文生图功能得到建筑方案效果

建筑方案设计就是通过触手 AI 给原本只有黑白线条的线稿，生成现实生活中彩色的效果图，对于建筑设计师来说，在短时间内就可生成多张意向图供客户选择，这就极大地提高了生产力，具体操作如下。

（1）进入吐司 AI 首页页面，点击右上方"在线生图"按钮，点击"文生图"选项，在"模型"菜单中选择"老王之永远的神-v0.5"模型，如右图所示。

（2）点击下方"添加 Controlnet"按钮，进入选择 ControlNet 的页面，选择"线稿上色"图标，点击下方"使用"按钮，如右图所示。

（3）上传线稿图片，"预处理器"选择默认的 lineart_realistic，点击下方"确认"按钮，如右图所示。

（4）将 VAE 设置为 vae-ft-mse-840000-ema-pruned.ckpt，如下图所示。

（5）在提示词框中填入对建筑的描述，笔者输入的正向提示词为 Highest quality,ultra-high definition,masterpiece,8k qualitysummer,modern architecture,morden style,nohumans,scenery,outdoors,tree,grass, LAOWANG，负向提示词为 EasyNegative，如下左图所示。

（6）在"设置"菜单栏中，完成相关参数的设置，图片的大小保持不变，在"采样算法"点击 DPM++ 2M Karras 选项，"采样次数"设置为 25，"提示词相关性"设置为 7，如下右图所示。

（7）在"高清修复"菜单栏中完成相关设置，将"放大倍数"调整为"2×"，"修复方式"保持默认的 R-ESRGAN 4x+，将"高清修复采样次数"设置为 25，"重绘噪声强度"设置为 0.3，点击下方"在线生成"，即可生成彩色的效果图，如下图所示。

用文生图功能得到 IP 形象效果

相比传统的手绘 IP，AI 绘画 IP 具有更高的创作效率和多样性，可以满足不同受众的需求。通过吐司可以生成独特的 IP 形象，这些 IP 形象可以应用于各种领域，如动漫、游戏和文学等，能够吸引人们的注意和喜爱。这里以 3D 超人为例，具体操作步骤如下。

（1）进入吐司"文生图"界面，"模型"中选择"可爱化|3D 模型 -3.0_NSWF"模型，VAE 设置为 Automatic，如右图所示。

（2）在"设置"菜单栏完成相关设置，将"图片大小"设置为 Custom，"宽"设置为 512，"高"设置为 768，"采样算法"设置为 DDIM，"采样次数"设置为 30，"提示词相关性"设置为 7，如右图所示。

（3）在"高清修复"菜单栏中完成相关设置，将"放大倍数"调整为 2×，"修复方式"设置为 4x-UltraSharp，"高清修复采样次数"设置为 30，"重绘噪声强度"设置为 0.3，具体设置如下左图所示。

（4）点击下方"在线生成"按钮，即可生成 IP 形象效果图，得到的图像如下右图所示。

用图生图功能得到精修人像效果

通过吐司人像精修功能可以对人像进行细致的处理，包括去除瑕疵、优化肤色、增强眼神等，从而提升人像的整体质量，让人像更加美丽和动人，具体操作步骤如下。

（1）准备一张需要精修的人像图片，进入吐司图生图界面，在图生图选项点击上传准备好的模糊图片，笔者上传的图片如下左图所示。

（2）在"模型"菜单中选择"墨幽人造人 v1080-none"添模型，VAE 选择 vae-ft-mse-840000-ema-pruned.ckpt，如下右图所示。

（3）在提示词文本框中输入相关提示词，笔者输入的正向提示词为 smile,masterpiece,best quality,UHD,4K award photography,1girl，如下左图所示。

（4）接下来设置参数，因为要避免人物出现太大变化，所以将"重绘噪声强度"设置值尽量小一点，笔者设置为 0.03，"图片大小"选择 custom（自定义），设置图像的比例为 625×625，"采样算法"选择 DPM++ 2M Karras，"采样次数"设置为 30，"提示词相关性"设置为 8.5，具体设置如下右图所示。

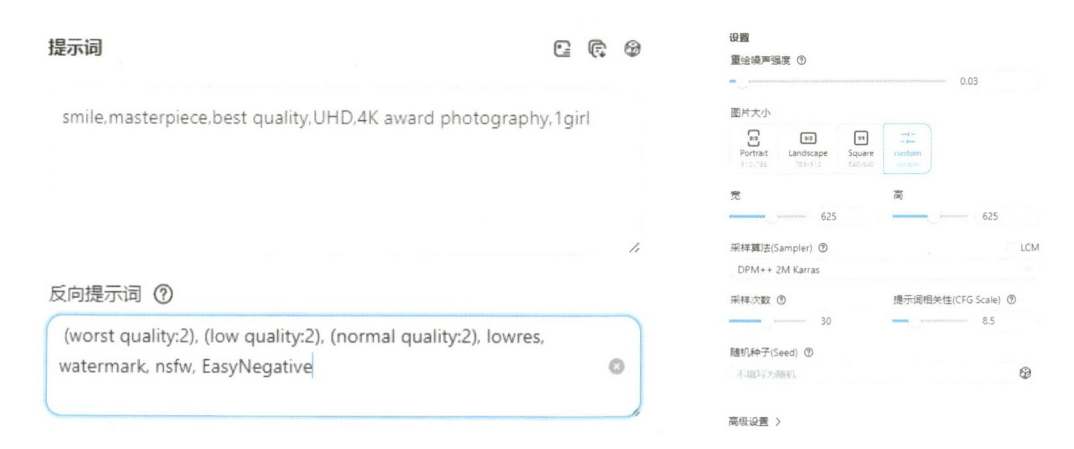

（5）开启 ADetailer（针对脸部畸形问题的修复，也能修复手部或身体的畸变），"ADetailer 模型"选择 face_yolov8s.pt，如下左图所示。

（6）点击下方"在线生成"按钮，即可生成精修人像效果图，生成的图像如下右图所示。

用模板功能得到真人转 3D 效果

吐司"模板"板块可以根据实际需求，选择适合的工作流模板，实现一键真人转 3D 等效果，接下来笔者以真人转 3D 为例来进行讲解，具体操作步骤如下。

（1）点击左侧菜单"模板"选项，进入模版界面，如右上图所示。

（2）搜索"人物 3D 化"模板并选中，进入右中图所示界面。

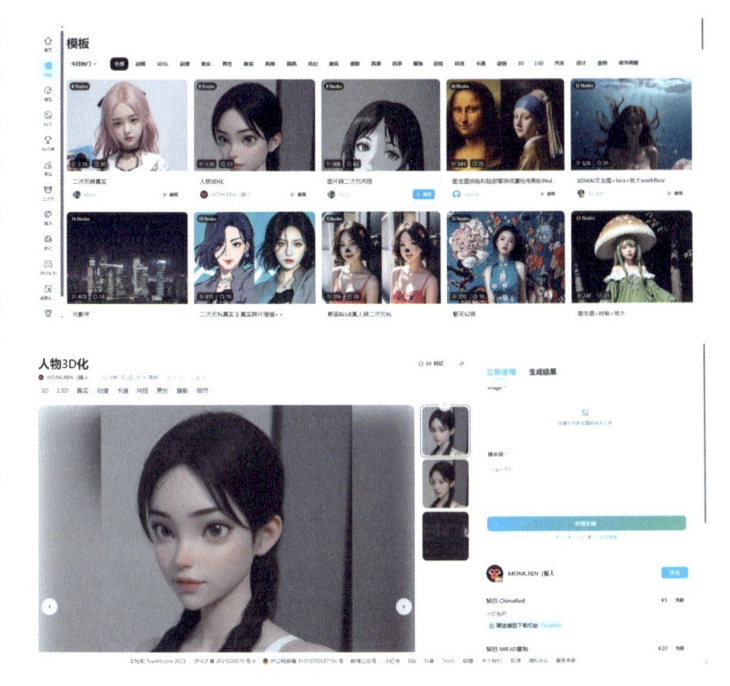

（3）在右侧 image 中，上传需要处理的真人图像，笔者上传的真人图像如右下图所示。

（4）点击"在线生图"按钮，即可生成3D效果图，得到的图像如下左图所示，笔者又上传了其他图片如下中图所示，生成的效果如下右图所示。

利用吐司变现

吐司平台推出了吐司模型创作者激励计划，邀请好友可以获得算力奖励，促进创作者之间的互动和平台活跃度，并且根据创作者创作情况给予一定的物质奖励，以鼓励创作者创作更多的优质模型。排行榜中，不仅能看到创作者激励收益榜，还能看到作者榜、绘画榜、邀请榜和基金显卡会。创作者激励收益榜如下图所示。

排行榜

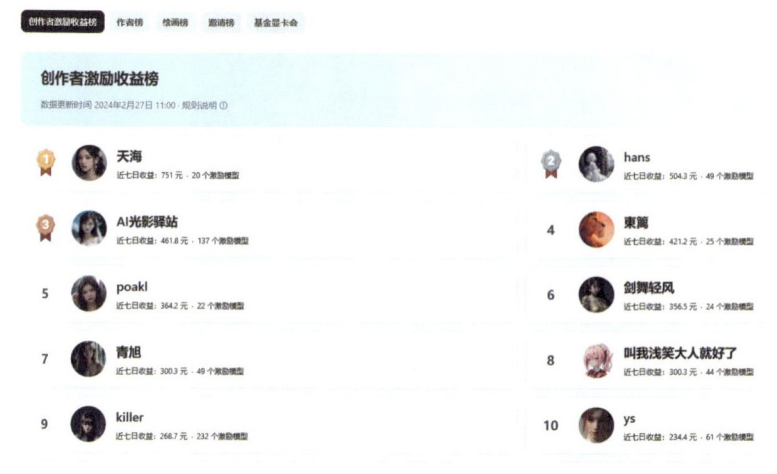

创作者激励收益榜 | 作者榜 | 绘画榜 | 邀请榜 | 基金显卡会

创作者激励收益榜
数据更新时间：2024年2月27日 11:00 规则说明 ⓘ

排名	用户	详情
1	天海	近七日收益：751 元 · 20 个激励模型
2	hans	近七日收益：504.3 元 · 49 个激励模型
3	AI光影驿站	近七日收益：461.8 元 · 137 个激励模型
4	東篱	近七日收益：421.2 元 · 25 个激励模型
5	poakl	近七日收益：364.2 元 · 22 个激励模型
6	剑舞轻风	近七日收益：356.5 元 · 24 个激励模型
7	青旭	近七日收益：300.3 元 · 49 个激励模型
8	叫我浅笑大人就好了	近七日收益：300.3 元 · 44 个激励模型
9	killer	近七日收益：268.7 元 · 232 个激励模型
10	ys	近七日收益：234.7 元 · 61 个激励模型

第 8 章

利用触手 AI 绘画平台进行创作

触手 AI 简介及界面介绍

"触手 AI"是杭州"水母智能"旗下漫画创作平台自研的 AI 漫画工具，也是集成了市面上主流绘图软件完整功能的 AI 工具。触手 AI 提供了一个便捷的 APP，可以直接调用 Midjourney 的画图接口，同样具备全中文界面。触手采用积分系统与会员机制，每日登录触手 AI 可以获取一定数量的积分，使用 AI 绘图功能会消耗积分。若积分不足，使用者可以通过购买积分或者开通会员资格获得更多积分，开通会员需要每月支付 49.9 元。

登录网址：https://douchu.ai/

触手的界面分为广场、创作、模型等不同版块，下面简要介绍。

广场

触手 AI 的广场类似于一个社区互动或资源分享平台。让创作者能够展示和交流自己通过 AI 生成的绘画作品、分享模型训练成果，广场界面如下左图所示。

AI 创作

AI 创作界面可以实现绘画创作，其中包括极简模式、专业模式、文生图、图生图、图生文、视频转换、无损高清、动态壁纸、智能抠图等功能板块，界面如下右图所示。

创建模型

触手 AI 中的"创建模型"功能可以实现自行训练模型，让创作者能够根据自己的需求定制 AI 绘画模型，创建模型的方法与 Liblib 相似。触手 AI 中的"创建模型"界面如右图所示。

AI 大赛

AI 大赛板块中有许多触手平台跟其他企业举办的 AI 绘画比赛。

身份权益

身份权益板块中包含了漫画分享和平台会员。

用极简模式功能得到写真效果

极简模式下的创作比较方便快捷，界面简洁风格，适合初学者 AI 绘画创作，界面如下图所示。接下来，笔者将通过极简模式生成一个花丛女孩的图像，具体操作如下所示。

（1）点击"极简模式"按钮，在下方文本框中输入相关描述，笔者输入的描述词如下图所示。

（2）在右侧菜单栏选择"基础模型"样式，在"推荐"菜单栏选择"胶片写真 -maji cMIX realistic"的基础模型，如下图所示。

（3）接下来再添加"叠加模型 LoRA"，点击"更多"按钮，搜索"增加细节 Add More Details""波波女孩""森女""森女二""丛林仙子"五个 LoRA 模型，分别选中并点击"确定"按钮，系统自动添加到"已选择"菜单栏中，并将"增加细节 Add More Details"和"丛林仙子"的模型权重设置为 0.7，其他设置为 0.3，如右图所示。

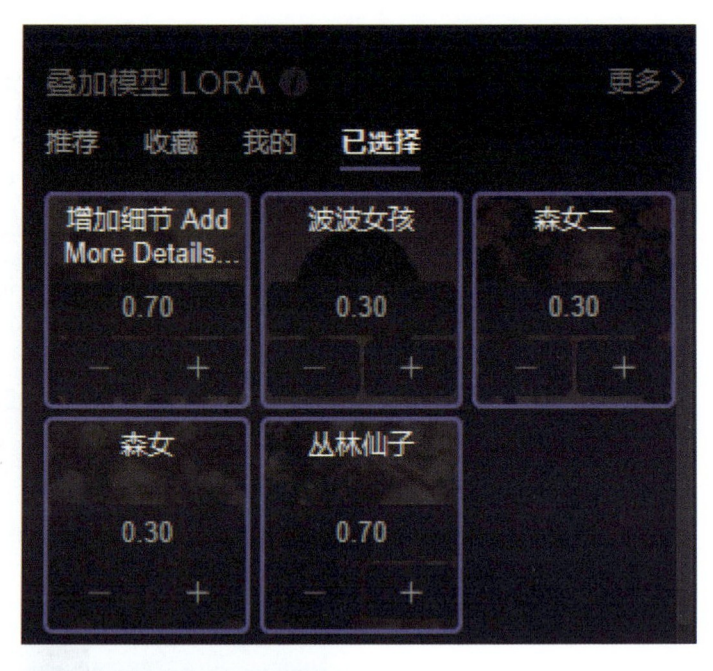

（4）"出图设置"，笔者设置了 2∶3 的图像比例，"出图分辨率"设置为"快速"。"绘画步数 Steps"设置为 28，"采样模式 Sampler"设置为"强文本插画模式 - 景深进阶（DPM++ 2M karras）"，"色彩模式 Vae"设置为"默认（使用默认色彩）"，打开"面部修复"复选框，其他参数保持默认不变，具体设置如右图所示。

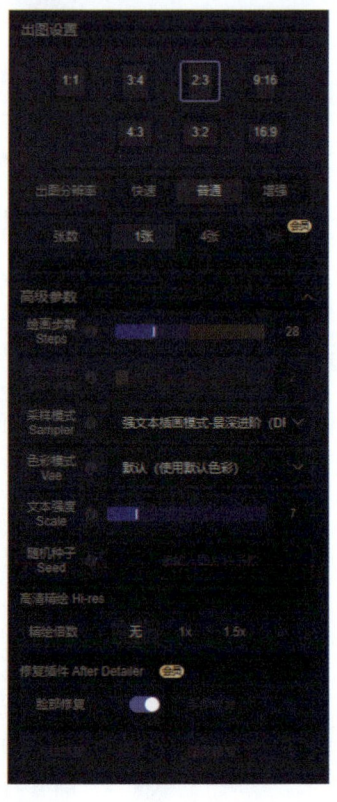

（5）点击右下方"开始绘图"按钮，即可生成想要的效果图，得到的图像如下图所示。

（6）在生成的图像右侧菜单栏，可进行"后期"处理，"参数复用""移至画册"等操作。

"后期"是指对生成的图像效果不满意可以进行"重新生成"，也可以点击"高清"按钮，生成高画质的图像，还可以将图像发送到"图生图"和"参考生图"，如下右图所示。

"参数复用"是指参数复制再一次使用，类似于一键做同款，可以实现在风格变化不大的基础上重新绘制新图像，笔者参数复用生成的图像如下左图所示。

"移至画册"是指将生成的图像保存到画册中，以便今后查找使用。

用专业模式功能生成多风格图像效果

专业模式下可以实现文生图，还可以实现"图生图""参考生图"和"工作流"，界面如下图所示。"文生图"的操作方法在"极简模式"下已经讲过，这里不再赘述，接下来主要讲解"图生图""参考生图""工作流"的操作方法。

用图生图功能得到一键换装效果

图生图支持对现有图像进行风格迁移或增强，可以实现局部重绘，将一幅图片转换成不同的艺术风格或其他视觉效果。在这里笔者将通过"图生图"中的"局部重绘"来改变人物的衣服，具体操作步骤如下。

（1）点击"专业模式"按钮，编辑区上传所要处理的图像，笔者上传的图像如下左图所示。

（2）点击图像进行局部重绘，"创意度"设置为 0.5，在此笔者的任务是涂抹人物上衣区域对衣服进行重绘，笔者重绘区域如下右图所示。

（3）在下方输入相关描述词并设置"文本强度"，笔者设置的"文本强度"为"7"，笔者输入的描述词如下左图所示。

（4）在左侧菜单栏选择合适的基础模型，笔者选择了"胶片写真 -maji cMIX realistic"的模型样式，色彩模式选择了"默认"，如下右图所示。

（5）在右侧菜单栏进行参数设置，将"采样模式"设置为"强文本插画模式 - 景深进阶（DPM++_2M_karras）"，打开"服装修复"按钮，其他设置保持默认不变，如下左图所示。

（6）点击右下方"开始绘图"按钮，即可生成效果图，得到的图像如下右图所示。

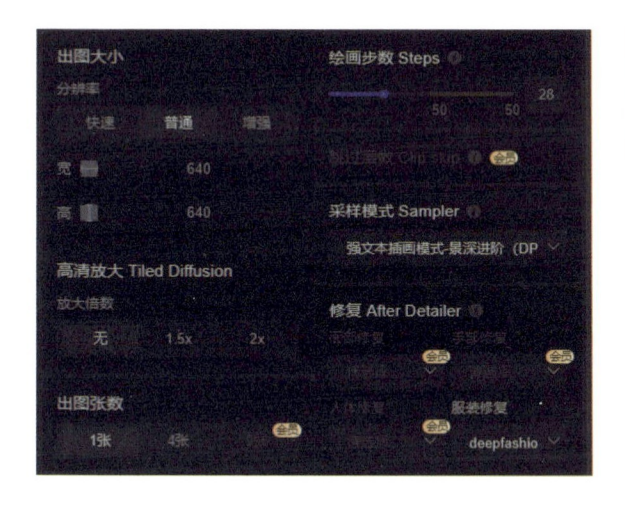

用参考生图功能得到动漫效果

参考生图是指上传参考图像，并根据这些图像的特点和元素创建新的作品，满足特定的设计需求，如下图所示。笔者将通过参考生图中的参考上传图像的姿势生成同款姿势的漫画图像效果，具体操作步骤如下。

（1）在"参考生图"编辑区域内上传需要处理的图像，笔者上传的图像如下左图所示。

（2）点击"需要AI处理"中的"是"选项按钮，"参考条件"中选择"参考姿势openpose"选项，"参考强度"设置为0.5，AI处理后的姿势如下右图所示。

（3）在左侧菜单栏选择"基础模型"，笔者选择了"平涂4-咸鱼mix- fish mix"的"基础模型"，"色彩模式VAE"选择"默认"，如下图所示。

（4）在右侧菜单栏进行参数相关参数设置，将"采样模式"设置为"柔和插画模式-进阶（Euler_a）"，打开"手部修复"复选框，其他设置保持默认不变，如右图所示。

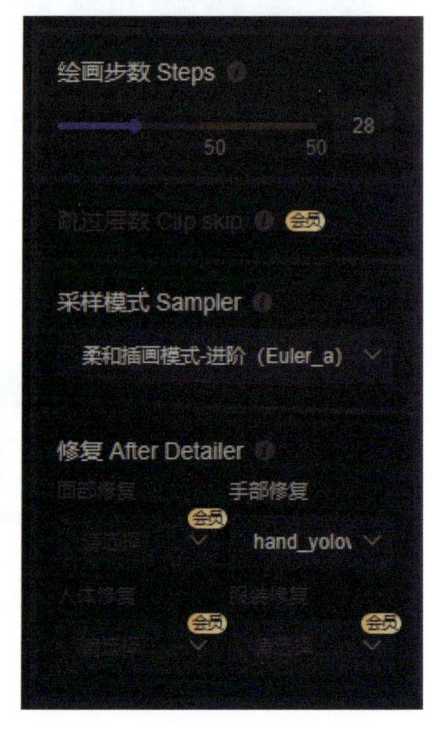

（5）在下方提示词文本框中输入相关描述词，笔者输入的描述词如下图所示。

（6）点击右下方"开始绘图"按钮，即可生成效果图，得到的图像如下左图所示。在其他参数不变的情况下，笔者选择"基础模型"中的"增强二次元"模型和"AW 动漫综合"模型，生成的图像如下中图和下右图所示。

用工作流功能一键得到效果图

工作流可以保存常用的工作设置，实现一键导入，工作流的特点类似于前面所讲的无界工作流，无论是图生图、参考生图还是工作流生成的新图像都可以"储存为工作流"，以便今后一键使用。触手工作流的具体操作方法如下。

（1）点击"专业模式"中上方的"工作流"菜单栏，出现如下图所示界面。

（2）选择合适的工作流，笔者选择了"龙年新春街景"的工作流，点击后相关参数和提示词一键自动填入，如下页上图所示。

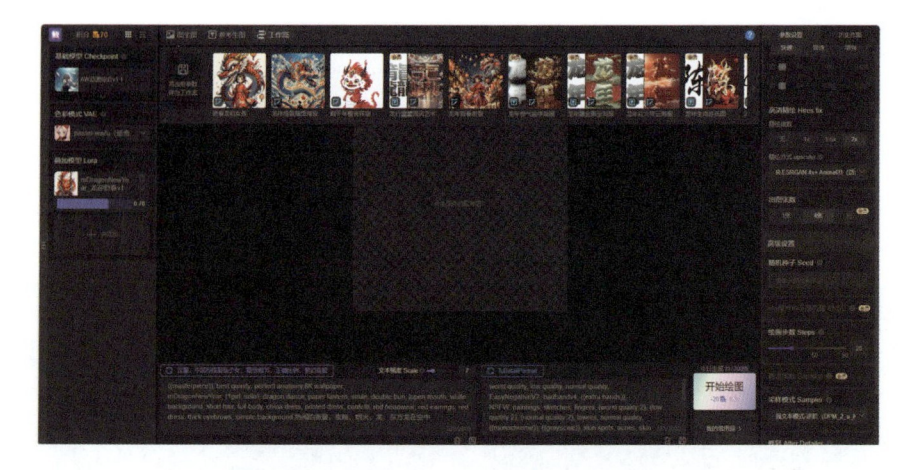

第8章　利用触手AI绘画平台进行创作 | 175

（3）点击右下方"开始绘图"按钮，即可一键生成和工作流相类似的效果图，得到的图像如下图所示。

用图生文功能得到图像提示词

图生文是指上传一张图像后，AI 能够理解并分析图片中的内容、场景和元素，并据此生成一段与图片内容相匹配的文字叙述，其作用类似于 Liblib 的"反推"提示词功能，快速获取图片提示词。具体操作步骤如下。

（1）点击"在线创作"中的"图生文"菜单，进入下图所示页面。

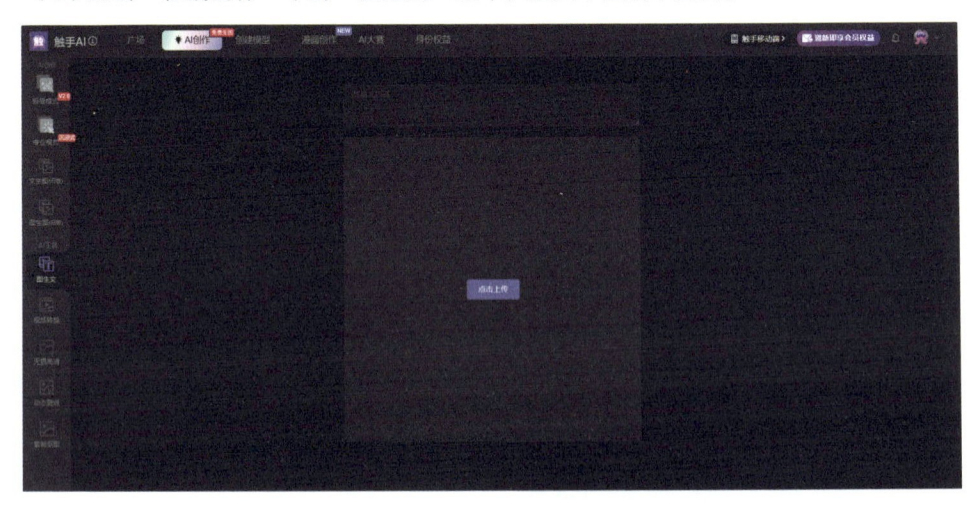

（2）点击"点击上传"按钮，上传准备好的图像，笔者上传的图像如右图所示。

（3）图片上传成功后 AI 自动生成图片的相关文字描述，如下图所示。

一个穿着蓝色连衣裙的女人，高开叉的裙子和高跟鞋站在一个房间里，红色的墙壁，1女孩，中国衣服，提衣服，连衣裙，提衣服，耳环，发饰，室内，珠宝，自我提，棕榈树，植物，盆栽，红唇，裙子，独奏

用动态壁纸功能得到动态视频效果

动态壁纸功能可以将静态的图片壁纸变成动态的视频壁纸，动起来的画面使内容更加生动有趣，具体操作如下所示。

（1）点击"在线创作"中的"动态壁纸"菜单，进入如下左图所示页面。

（2）点击"点击上传"按钮，上传准备好的壁纸图片，笔者上传的图像如下右图所示。

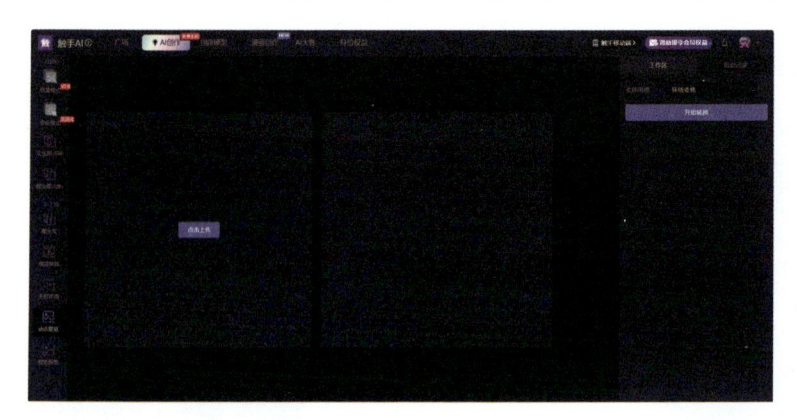

（3）点击右侧"工作区"菜单，选择"变换风格"，笔者选择了"环绕变焦"的风格效果，如右图所示。

（4）点击左侧"开始转换"按钮，即可生成动态效果的壁纸图像，得到的 2S 视频效果如下面三张图所示。

用转换视频功能得到动漫视频效果

视频转换功能支持将真人视频转换为各类动漫风格视频，笔者将通过视频转化将真人版的视频转化为动漫风格的视频，具体操作步骤如下。

（1）点击"在线创作"中的"视频转换"菜单，进入如下左图所示页面。

（2）点击"点击上传"按钮，上传需要处理的视频，笔者上传的视频如下右图所示。

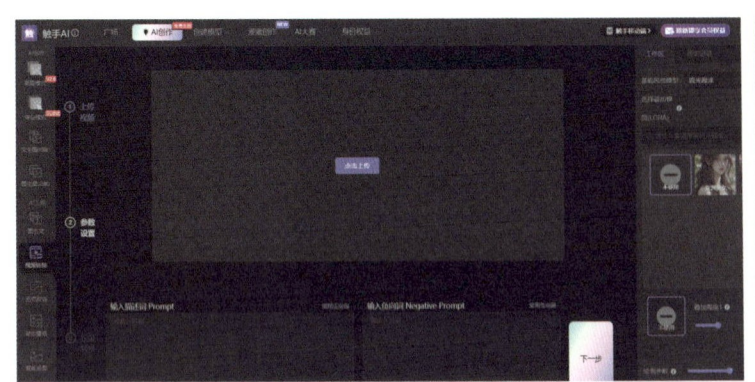

（3）接下来在下方文本框中分别描述词和负向词，笔者输入正向描述词为"best quality,masterpiece,ultra high res,1 girl,long_hair,solo"，输入的负向提示词为"lowres bad anatomy,(bad hands),(worst quality:2),(low quality:2),(nomal quality:2),paintings sketches,text error missing fingers"，如下图所示。

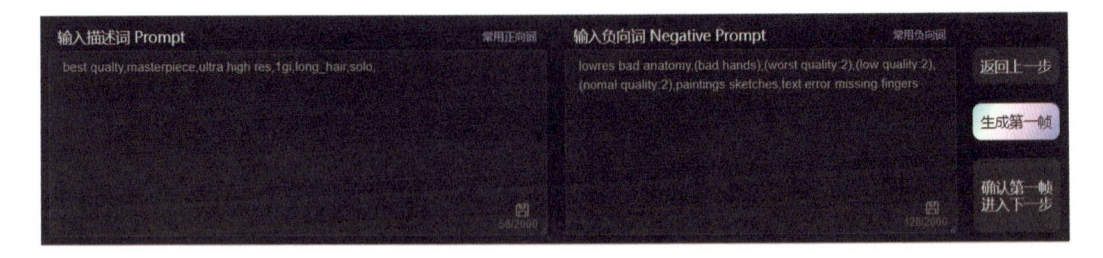

（4）点击右侧"工作区"菜单栏，设置相关参数，点击""选项，选择合适的模型，笔者选择了"日式精美插画"的模型，再添加合适的"型（LoRA）"，笔者添加了 LoRA 模型，将"叠加强度"设置为 0.45，其他参数保持默认不变，具体设置如下图所示。

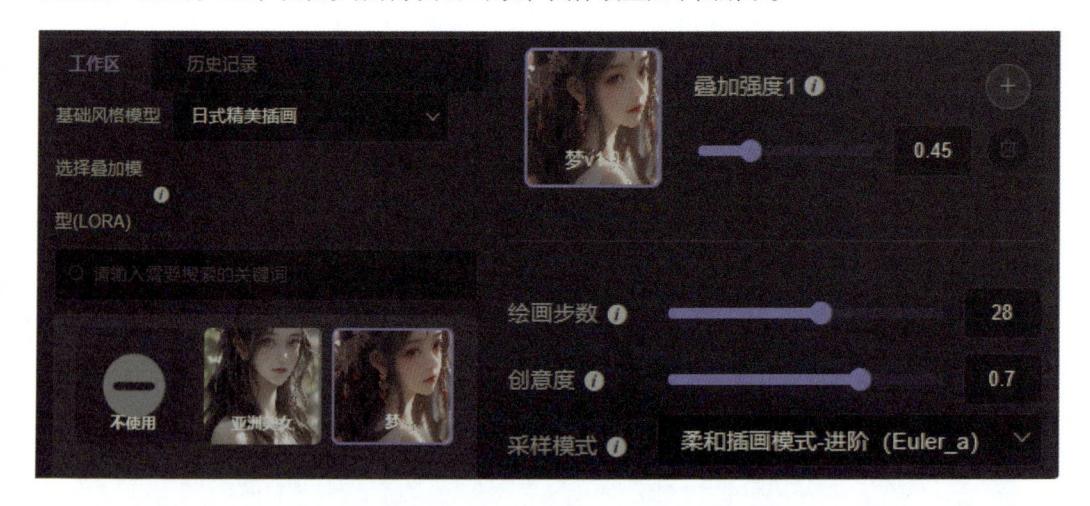

（5）点击"生成第一帧"按钮，AI 会自动生成视频中的第一帧画面，效果如下左图所示。如果对生成的效果不满意，可以更改相关提示词和参数设置，再重新生成第一帧画面。

（6）如果对生成的效果满意，点击"确认第一帧 开始下一步按钮"按钮，再点击"生成视频"按钮，即可生成想要的视频效果，如下右图所示。

用漫画创作功能得到条漫效果

"漫画创作"功能,可以通过输入文本描述或上传参考图片来引导AI生成符合故事情节的漫画内容,包括但不限于角色、场景等元素,其工作流功能简化了漫画制作过程中烦琐的任务,可以适应不同的创作风格和需求。需要注意的是,在漫画创作过程中,复杂的场景难以实现,很难做到复刻心目中的漫画场景,画面细节也无法做到精准,还需要进一步完善。

接下来,笔者将创作一部以上班族男子为主角的条漫故事。故事发生在某公司的办公室内,主人公某天突然收到了一封神秘信件,得知自己竟然是某个古老家族的继承人。面对这一突如其来的消息,他在是否继续坚守工作岗位的问题上陷入了深深的纠结。最后,他决定放弃工作,选择挥金如土的生活。然而,这一切只不过是他的一场梦境。在办公桌前熟睡的他醒来时,才恍然大悟,原来那只是南柯一梦。笔者制作的条漫具体操作如下所示。

(1)点击首页上方"漫画创作"页面,进入如下图所示页面。

(2)点击"创作我的条漫"图标,进入如下图所示页面。

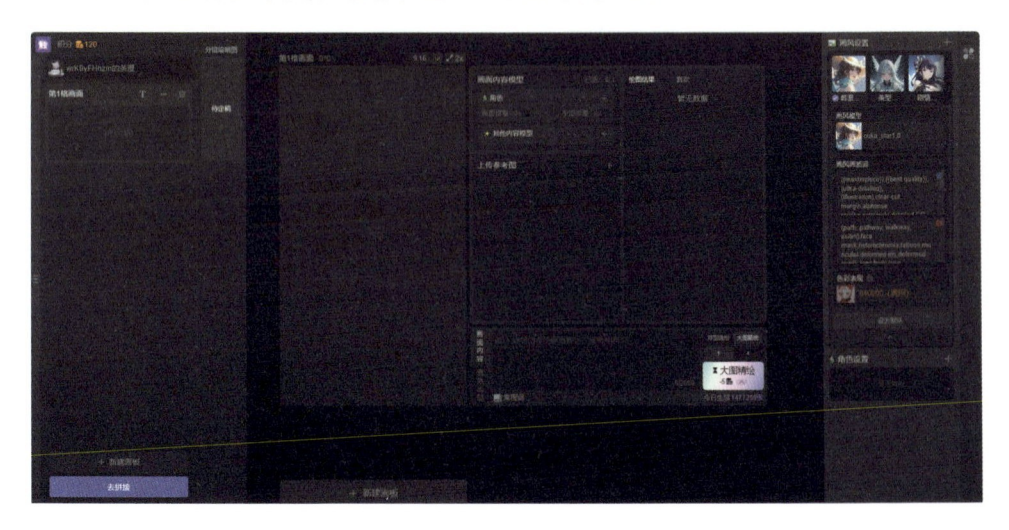

（3）在右边菜单栏进行"画风设置"，笔者选择了"剧情悬疑漫"的画风，如下左图所示。

需要注意的是，"画风模型""画风画质词"和"色彩表现"的相关参数都是默认的，无法进行更改。

（4）接下来，在右侧菜单栏进行"角色设置"，点击■按钮，进入角色挑选界面，再点击上方"更多"菜单，选择合适的角色，笔者选择了"小说男主"的角色，如下右图所示。

（5）点击"确认"按钮即可添加角色，在"角色提示词"文本框中填入相关提示词。需要注意的是，目前，只能填写正向提示词，笔者填写的描述词如下左图所示。

（6）在"画面内容模型"编辑区内，添加刚才的角色分风格，并打开"面部修复"按钮，如下右图所示。

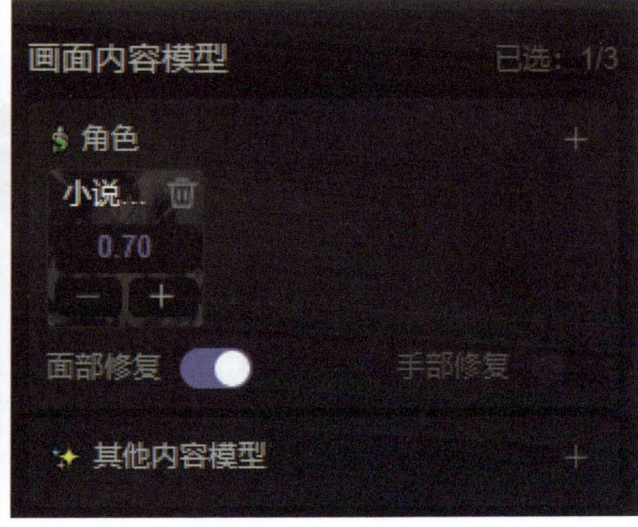

（7）如果想参照参考图生成图像则可以点击"上传参考图"的■按钮，根据个人需求选择进入参考的模式，如下左图所示。

（8）在"画面内容"文本框和"避免出现"文本框中，分别添加相关内容，笔者填写的画面内容如下右图所示。

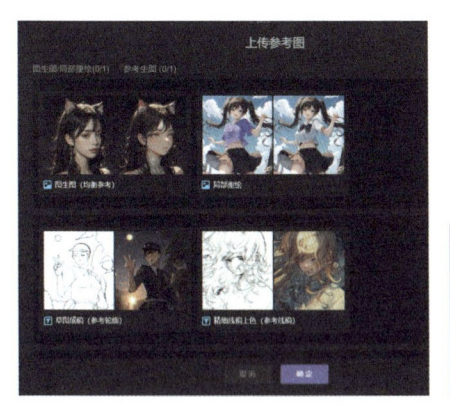

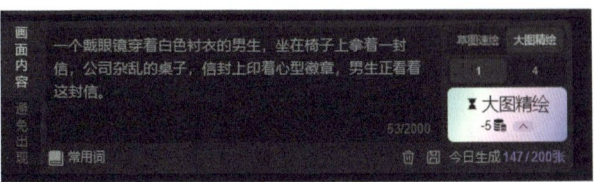

（9）点击下方"大图精绘"按钮，即可生成漫画图，得到的效果如下左图所示。

（10）点击左侧"新建画板"按钮，按照以上方法生成其他画面，全部画面生成后，点击左下侧"去拼接"按钮，进入如下右图所示页面。

（11）在右侧"气泡"菜单栏选择合适的文字气泡框，并添加相关文字，设置文字的样式，笔者添加的气泡样式及文字如右图所示。

（12）按照以上方法分别为其余的漫画画面添加气泡及文字。点击"完成条漫创作"按钮，即可下载创作的条漫。笔者创作的条漫如下图所示。

第9章

利用神采Prome AI绘画平台进行创作

神采 Prome AI 简介及界面介绍

　　神采 Prome AI 是一款基于先进的人工智能技术开发的创意绘画和图像处理软件，它集合了多种智能化图像生成与编辑功能，旨在简化创作流程，激发设计潜能，同时提升工作效率。神采提供了有限次数的免费试用服务，使用者在注册后可以享受到每月一定的免费图像生成额度，超出部分需要付费购买。

　　登录网址：https://www.ishencai.com/

　　神采界面主要分为图片生成、图片编辑、视频及社区等版块，下面简要介绍。

图片生成

　　"图片生成"板块，主要包括草图渲染、创意融合、变化重绘、照片转线稿、背景生成、AI 超模、文字效果和 AI 写真这八大功能，界面如下图所示。

图片编辑

　　"图片编辑"板块包括高清放大、涂抹替换、尺寸外扩和重打光这个功能，界面如下图所示。

视频

　　目前，在视频板块，神采 Prome AI 只有图生视频这一项功能，可以将静态的图像或插画转化为动态的视频，从而创造出更加生动、有趣的视觉效果。界面如下图所示。

社区

　　社区相当于神采 Prome AI 中的分享交流平台，可以探索在神采 Prome AI 上生成并共享的图片。点击特定的照片可以进行一键再创作。界面如下图所示。

用草图渲染功能得到室内设计渲染效果

草图渲染是指上传照片或者线稿，渲染成效果图，界面如下图所示。笔者将通过草图渲染把一张室内设计的草图变成室内设计效果图，具体操作步骤如下所示。

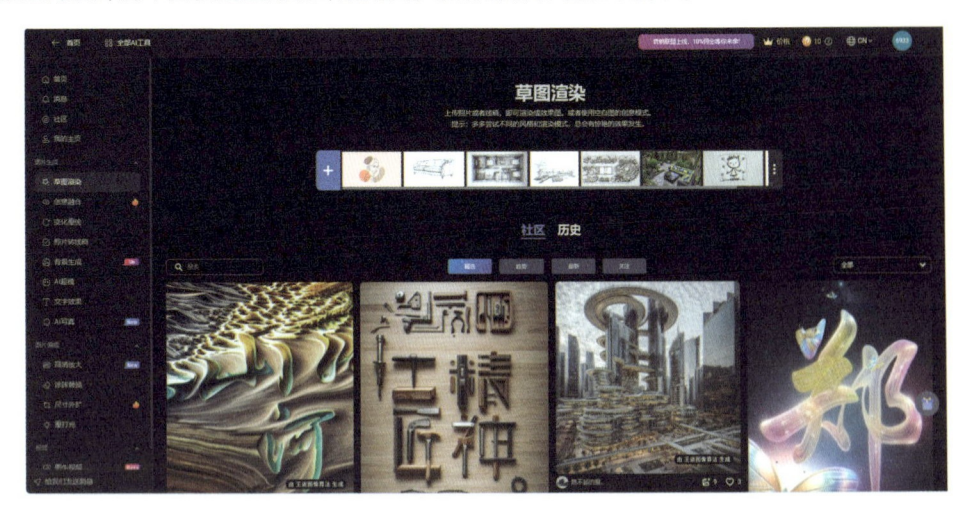

（1）进入神采首页页面，点击左侧菜单栏中的"草图渲染"选项，点击➕按钮，上传一张需要处理的草图照片，笔者上传的图片如右图所示。

（2）单击下方"选择风格"的按钮，选择"室内"→"客厅"→"意式现代复古"的效果，如右图所示。

（3）单击下方"渲染模式"按钮，选择"精准"效果，如右图所示。

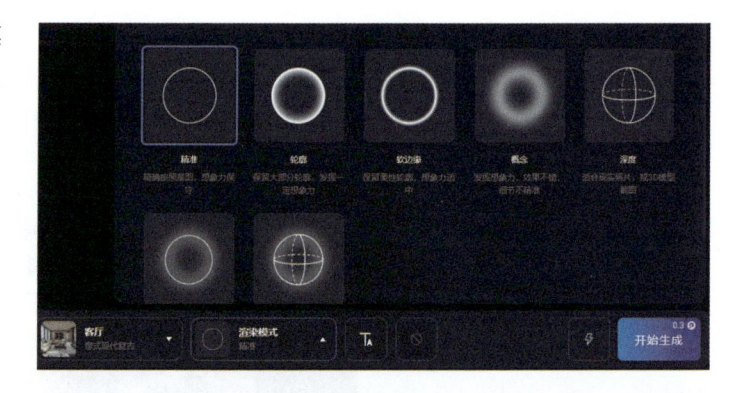

（4）点击 TA 图标，在提示词文本框中输入想要的内容和不想要的内容，笔者输入的想要的内容为"白天，室内"，如右图所示。

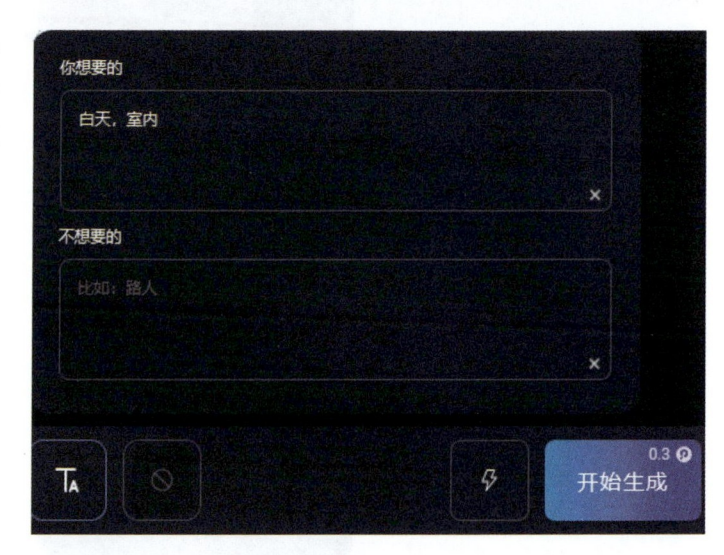

（5）单击"开始生成"按钮，即可生成手绘线稿效果图，如右图所示。

用创意融合功能得到酷炫 3D 文字效果

创意融合可以实现将草图结构创意和风格创意相融合，衍生出独特的文创产品。界面如右图所示。笔者将通过创意融合把两张风格不同的图像相融合，具体操作步骤如下。

（1）进入神采首页页面，点击左侧菜单栏中的"创意融合"选项，点击➕按钮，上传一张需要处理的图片，笔者想要把准备好两张图片相融合，笔者上传的图片如右侧左图所示。

（2）点击下方"风格图片"按钮，上传准备好的图片，笔者上传的风格图片如右侧右图所示。

（3）点击下方"渲染模式"按钮，选择"轮廓"效果，如右图所示。

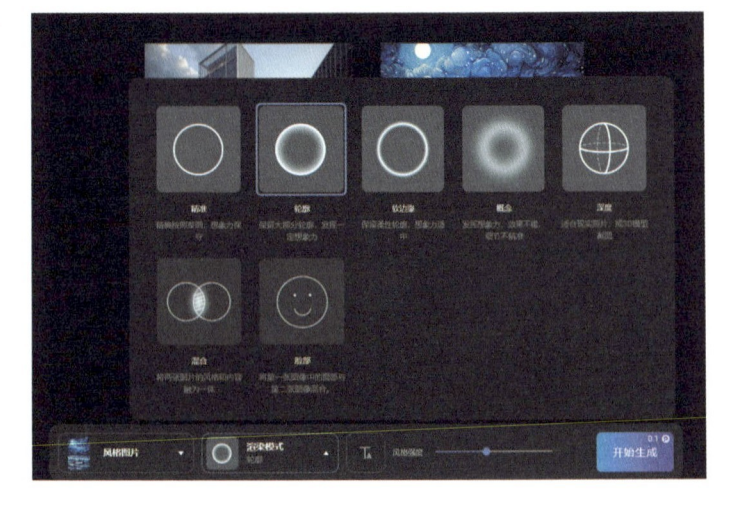

（4）点击 T 图标，在提示词文本框中输入想要的内容和不想要的内容，笔者输入想要的内容为"蓝色，建筑，奇幻风格"设置为60，如右图所示。

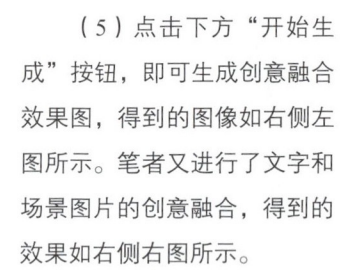

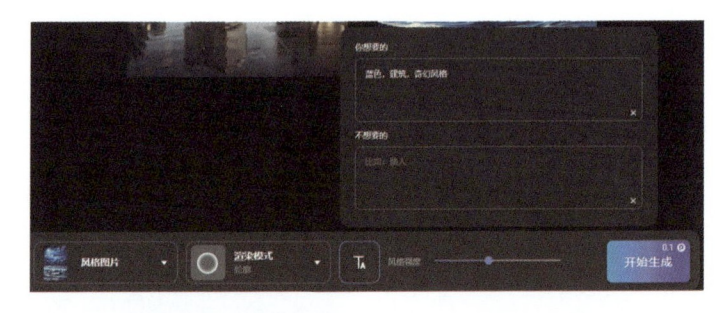

（5）点击下方"开始生成"按钮，即可生成创意融合效果图，得到的图像如右侧左图所示。笔者又进行了文字和场景图片的创意融合，得到的效果如右侧右图所示。

用变化重绘功能得到相似图像效果

变化重绘可以实现生成风格、布局、视角、感官都相似的图片，如果很喜欢一张图的风格布局等可以借变化重绘在喜欢图像的基础上生成新图像。界面如下图所示。

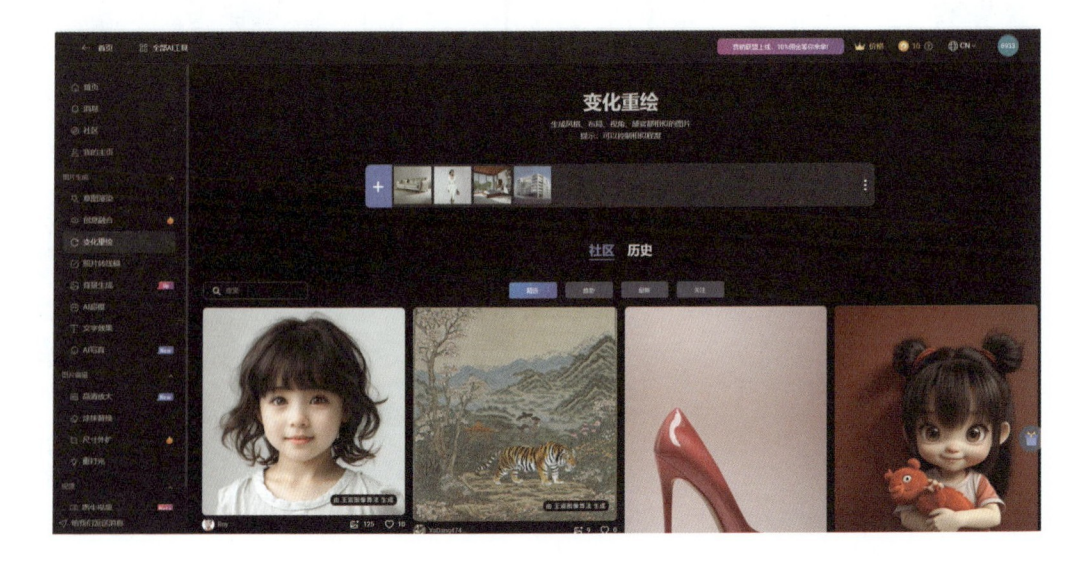

（1）进入神采首页页面，点击左侧菜单栏中的"变化重绘"选项，点击+按钮，上传一张需要处理的图片，笔者上传的图片如右图所示。

（2）向右拉动下方"变化程度"的滑动条至80，点击T图标，在提示词文本框中输入想要的内容和不想要的内容，笔者输入的想要的内容为"古风，美女"，如下图所示。

（3）点击右方"开始生成"按钮，即可生成想要的变化重绘图像，得到的效果如右中图所示。

用照片转线稿功能得到草图效果

照片转线稿是指仅需上传照片，即可转成线稿效果，为创作提供更多的素材选择。界面如下图所示。笔者将通过照片转线稿把一张室内设计渲染图转化成室内设计线稿图，具体操作步骤如下。

（1）进入神采首页页面，点击左侧菜单栏中的"照片转线稿"选项，点击+按钮，上传一张需要处理的图片，笔者上传的图片如右下图所示。

（2）点击下方"设计草图"按钮，选择"手绘线稿"效果，如右图所示。

（3）点击下方"渲染模式"按钮，选择"精准"效果，如右图所示。

（4）点击 TA 图标，在提示词文本框中输入想要的内容和不想要的内容，笔者输入的想要的内容为"室内设计线稿"，如右图所示。

（5）点击"开始生成"按钮，即可生成手绘线稿效果图，如右图所示。

用背景生成功能得到换背景效果

神采 Prome AI 背景生成能够依据预设模板或提供的文字描述，智能生成与理想场景相符的新背景，从而实现对商品个性化场景的深度定制，降低拍摄成本，提高工作效率。背景生成界面如下图所示，背景生成的操作方法如下。

（1）进入神采首页页面，点击左侧菜单栏中的"背景生成"选项，点击 + 按钮，上传一张需要处理的图片，笔者上传的图片如下左图所示。

（2）点击下方菜单栏"纯色"按钮（上传图片的背景为纯色，所以菜单栏左侧第一栏默认为纯色背景），选择"小物品"中的"白牡丹花"背景效果，如下右图所示。

（3）点击"尺寸比例"按钮，将其设置为"原图"比例，如右图所示。

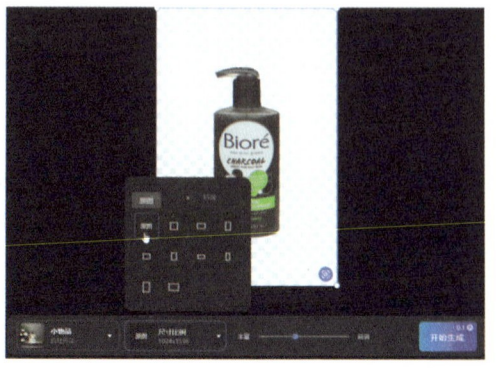

（4）将"丰富"和"精确"滑条数值设为40，如下图所示。

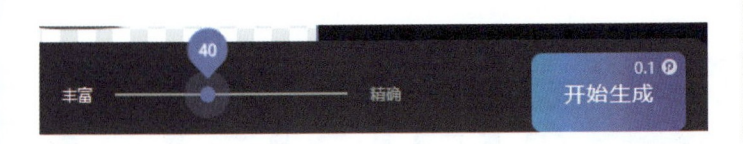

（5）点击"开始生成"按钮，即可生成效果图，如右图所示。

用 AI 超模功能得到换脸换背景效果

AI 超模板块是指上传人台或者素人照片，选择需要保留的商品，即可生成模特和背景。界面如下图所示。接下来，笔者将通过 AI 超模将上传的人台图变成超模展示图，具体操作步骤如下。

（1）进入神采首页页面，点击左侧菜单栏中的"AI 超模"选项，点击 + 按钮，上传一张需要处理的图片，笔者上传的图片如右图所示。

（2）单击上传的图像，将需要保留的部分涂抹为紫色区域，笔者选择的区域如下左图所示。

（3）点击左下方"选择模特"按钮，选择"男模特"中的"东欧人"图标，如下右图所示。

（4）点击"模特设定"按钮，选择模特的具体形象，笔者选择的模特发型为"赛艇平头"，设置年龄为"青年"，设置身材为M，设置表情为"自信"，设置服装为"男装"，如右图所示。

（5）点击下方"选择背景"按钮，选择"室外"中的"时代广场"背景样式，如下左图所示。

（6）点击右下方"开始生成"按钮，即可生成效果图，得到的图像如下右图所示。

用文字效果功能得到创意文字效果

文字效果可以进行一键式文字处理和设计，能够将文字信息转化为极具视觉冲击力和艺术表现力的设计元素。文字效果界面如下图所示，笔者将通过文字效果生成关于"春节"不同字样的文字，具体操作步骤如下。

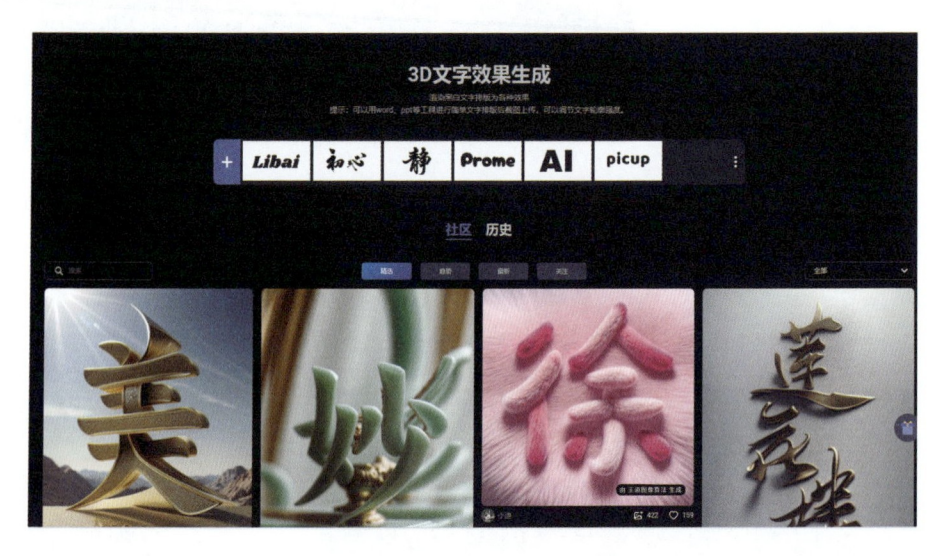

（1）进入神采首页页面，点击左侧菜单栏中的"文字效果"选项，点击+按钮，上传一张需要处理的文字图片，笔者上传了一张带有"春节"文字的图片，如下左图所示。

（2）点击下方"风格"按钮，选择"真实"中的"无风格"，如下右图所示。

（3）点击下方"渲染模式"按钮，选择"轮廓"效果，如下图所示，把"相似程度"设置为85，"融合程度"设置为50，如右图所示。

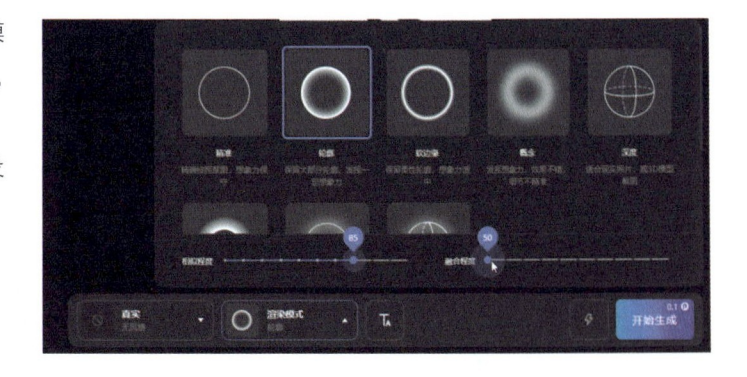

（4）点击 TA 图标，在提示词文本框中输入想要的内容和不想要的内容，笔者输入的想要的内容为"春节，雪花，中国新年，中国传统建筑，红色的灯笼，中国古代图案，红围巾"，如下左图所示。

（5）点击"开始生成"按钮，即可生成想要的文字效果图，得到的效果如下右图所示。

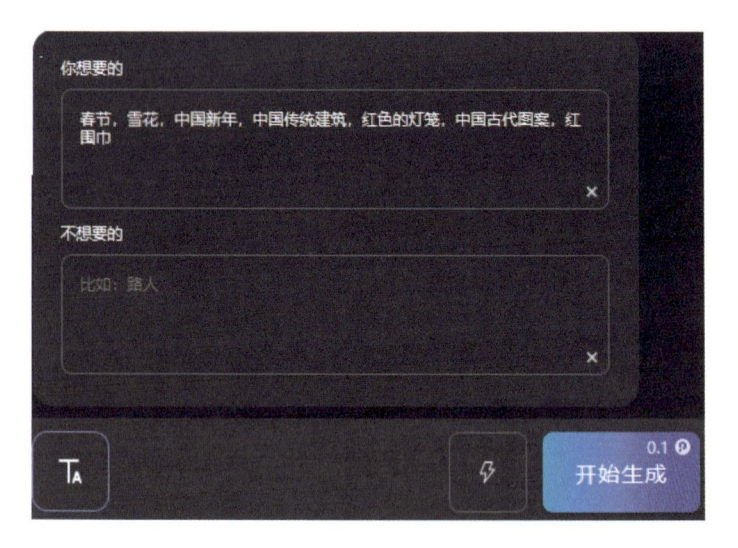

（6）根据上述步骤，笔者得到的其他文字效果如右侧组图所示。

用 AI 写真功能得到个性化写真效果

利用神采 Prome AI 可以将个人照片转化为多种风格与场景下的 AI 肖像照，比如可以将照片转化为类似古典油画、素描、卡通，或者是某个历史时期的人物风格，甚至可以置身于虚拟的山水画、科幻等场景。AI 写真界面如下图所示，具体生成写真的操作步骤如下。

（1）进入神采首页页面，点击左侧菜单栏中的"AI 写真"选项，点击 + 按钮，上传一张需要处理的人像，笔者上传的图片如右图所示。

（2）在下方提示词文本框中输入想要生成的场景，笔者输入的内容为"一名女芭蕾舞蹈家在夜晚城市跳舞"，如下图所示。

(3)点击"风格"按钮，选择想要生成的风格类型，笔者选择了"摄影"中的"电影"风格，如右图所示。

(4)点击"场景"按钮，选择"专业"中的"时尚的城市夜景"场景效果，如右图所示。

(5)点击右下方"开始生成"按钮，即可生成AI效果图，得到的图像如右侧左图所示，笔者又尝试了其他风格和场景，生成的图像如右侧右图所示。

用涂抹替换功能得到调整细节效果

涂抹替换仅针对图像的特定区域进行更改或优化，同时保持周围区域不受影响或尽量减少其变化，这样能够精确地控制修改范围，避免了因修改一处而牵一发动全身的情况发生，提高了效率和编辑的精细程度。涂抹替换界面如下图所示。笔者将通过涂抹替换来改变图片的细节，具体操作步骤如下。

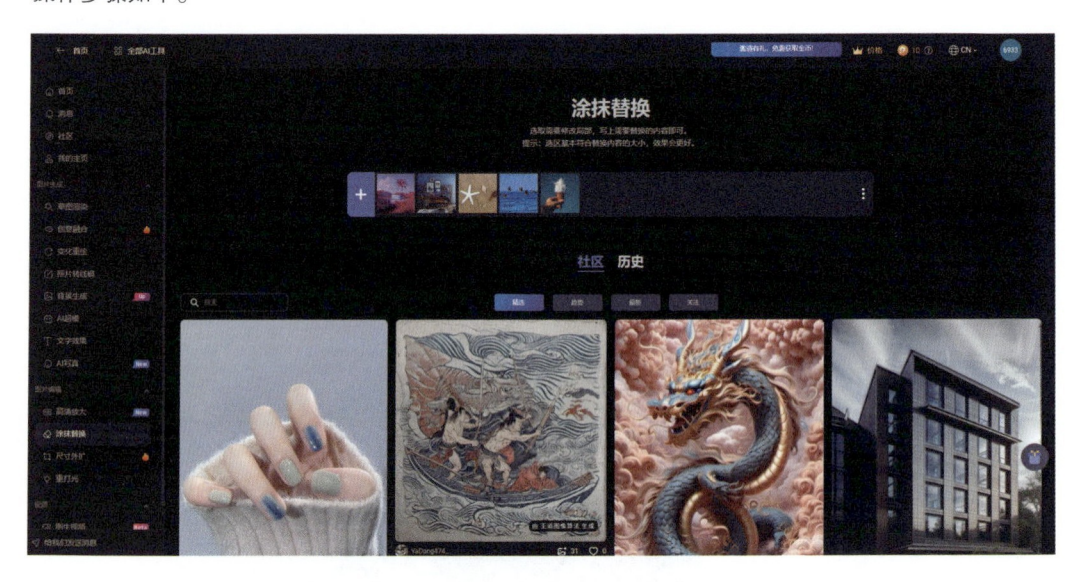

（1）进入神采首页页面，点击左侧菜单栏中的"涂抹替换"选项，点击 ➕ 按钮，上传一张需要处理的图片，笔者上传的图片如下左图所示。

（2）点击左侧工具栏中的"自动选择"图标，选中所要涂抹的区域，笔者涂抹的区域为图片中食指和无名指指甲区域，如下右图所示。

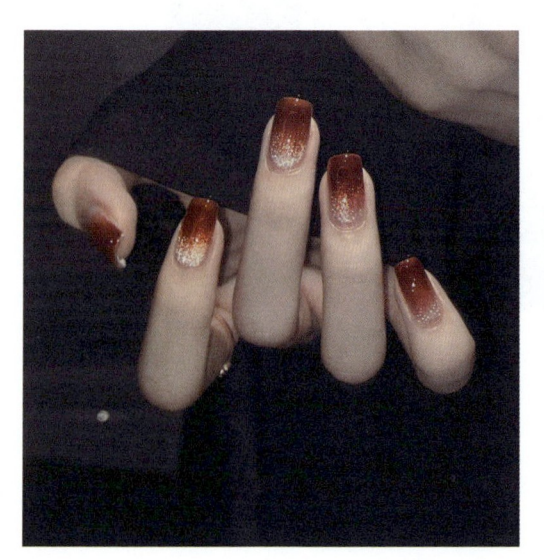

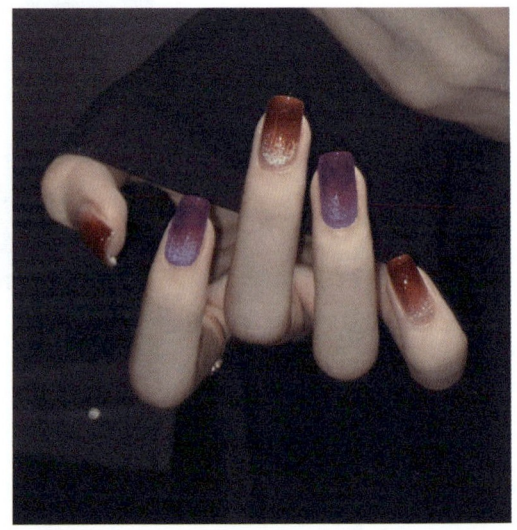

（3）对选取区域可以进行"替换""局部修复""重上色"，笔者想要改变选取区域的颜色，选择了"重上色"复选框，如右图所示。

（4）点击下方"颜色"按钮，选择重新上色的颜色，笔者选择的颜色编号为"6395EC"，如右图所示。

（5）点击下方的"开始生成"按钮，即可生成效果图，得到的图像如右图所示。

用尺寸外扩功能得到延展画面效果

尺寸外扩可以实现画面的延伸，增添延伸的画面内容。界面如右图所示。接下来，笔者将通过尺寸外扩盖面图像的尺寸，具体操作步骤如下。

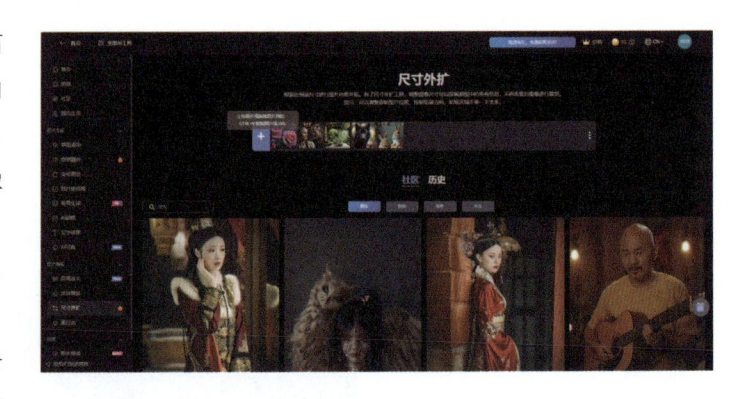

（1）进入神采首页页面，点击左侧菜单栏"图片编辑"中的"尺寸外扩"选项，点击 + 按钮，上传一张需要扩展的图片，笔者上传的图片如下图所示。

（2）点击下方"尺寸比例"按钮，将扩展图像设置为"2457×1843"，在文本框中填入"街头，雨天"的描述文字，如下图所示。

（3）点击"开始生成"按钮，即可生成扩展效果图，得到的图像如右图所示。

用图生视频功能得到动态视频效果

图生视频是指通过图片生成视频，让画面动起来，接下来，笔者将通过图生视频把一张静态风景图变成动态视频，具体操作步骤如下。

（1）进入神采首页页面，点击左侧菜单栏"图生视频"选项，点击 + 按钮，上传一张需要处理的图片，笔者上传的图片如右图所示。

（2）点击下方"运动"按钮，将运动幅度设为"高"，如右图所示。

（3）点击"开始生成"按钮，即可生成视频效果，笔者截取了视频的部分画面，如下面三张图所示。从视频截图中可以发现，视频效果不太理想，需要进一步完善。

第 10 章

利用堆友 AI 绘画平台进行创作

堆友简介及界面介绍

堆友绘画是阿里旗下推出的一款 AI 绘画生成工具，也是一款面向设计师群体的 AI 设计社区，可以让设创作者接触并使用前沿技术的应用。堆友生图需要消耗"堆豆"，每日登录可获得 50 "堆豆"，"堆豆"消耗完毕后需要开通会员，按月支付每月 39 元。

登录网址：https://d.design/

堆友界面主要分为 AI 反应堆、AI 工具箱、3D 素材三大 AI 功能，下面简要介绍。

AI 反应堆

"AI 反应堆"板块，主要包括简洁模式和复杂模式两项图片生成操作模式。在图片生成区域右侧的选项卡中，可以对生成图片进行局部重绘、同款拓展、高清放大、一键抠图、下载、分享、删除等操作，界面如下图所示。

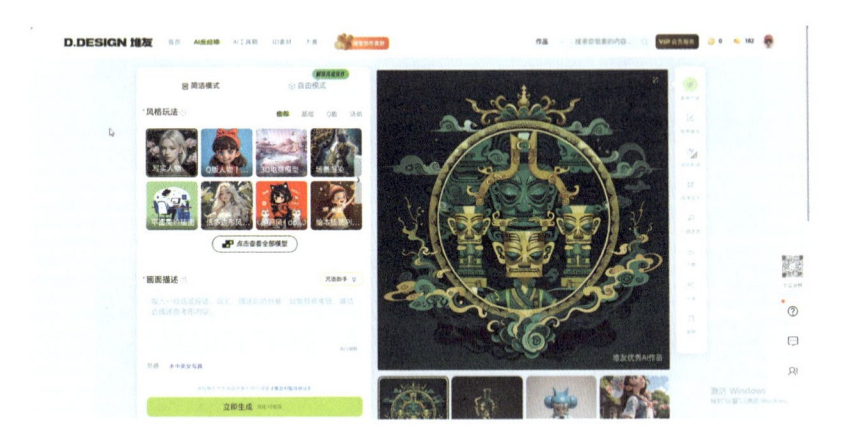

简洁模式

简洁模式下用户可以选择合适的风格玩法后，在下方文本框内输入相关画面描述词，设置图片生成比例并选择是否提供相关参考图进行图片生成，界面如下图所示。

自由模式

自由模式下用户可以在选择底层模型之后添加选择添加相应的增益模型，在下方的文本框选项中，单击 ▼ 键可以输入负面描述词，除此之外，在局部重绘下方增加了高级参数选项，与简洁模式相比可以更好地控制画面生成的内容，但高级参数功能仅供 VIP 使用，界面如下图所示。

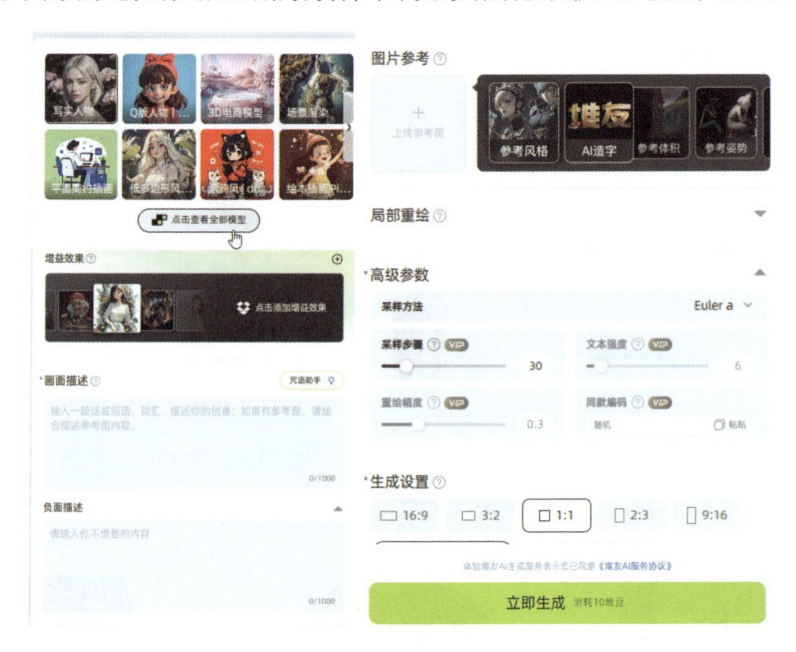

AI 工具箱

"AI 工具箱"板块包括堆友相机、鹿班营销图、AI 艺术字、模特换肤、顽兔抠图、高清放大这六个功能，界面如下图所示。

3D 素材

"3D 素材"板块分为场景、元素、人物三个分类,可以下载素材图片。可以为设计师提供丰富的素材资源,节省在设计过程中寻找合适素材的时间,从而提高设计效率。3D 素材界面如下图所示。

拖动 3D 素材是可以随意旋转变化的,如下左图所示为可乐瓶素材的正面图,下中图为可乐瓶素材的顶部图,下右图为可乐瓶素材的侧面图。

用简洁模式功能得到涂鸦贴画效果

AI 反应堆简介模式更适合新手操作,界面和操作相比之下更加容易。接下来,笔者将通过简洁模式来生成涂鸦风格的贴画图片,具体操作步骤如下。

(1)进入 AI 反应堆操作页面,单击上方菜单栏中左侧"简洁"选项,在下方"风格玩法"中选择风格模型,笔者选择"涂鸦风"风格模型,如下图所示。

（2）在下方文本框内输入画面描述词，可以单击"咒语助手"按钮协助完成描述词撰写，最后在"生成设置"选项选择合适的比例，单击"立即生成"按钮，如右图所示。

（3）图片生成后，点击图片位置可分别查看图片，点击右侧选项卡中的操作选项可对照片进行调整或导出，如右图所示。

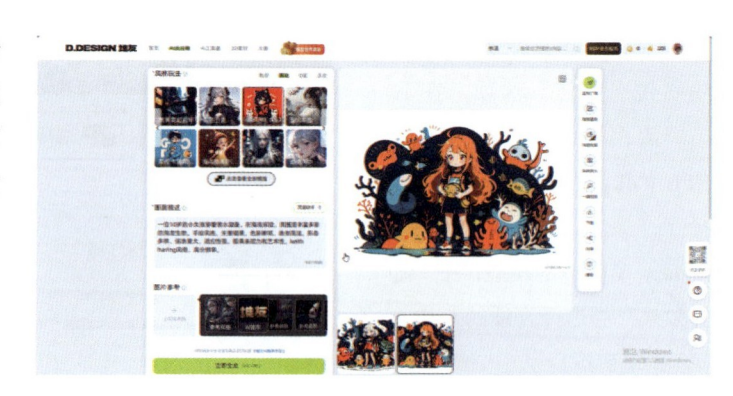

（4）点击"局部重绘"功能可对照片中局部位置进行修改，修改后可在左侧的"局部重绘"中选"重绘幅度"，点击"立即生成"按钮，如右图所示。

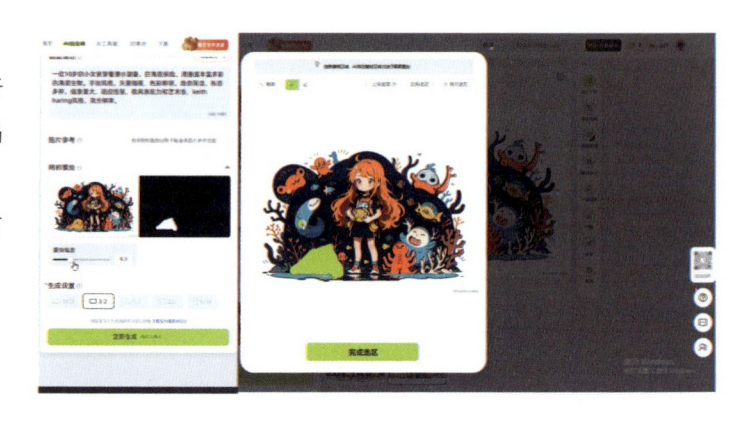

（5）重绘生成完成后，点击图片位置对应区域可分别查看图片，点击"下载"按钮选择"下载单张"即可查看图片，如右图所示。

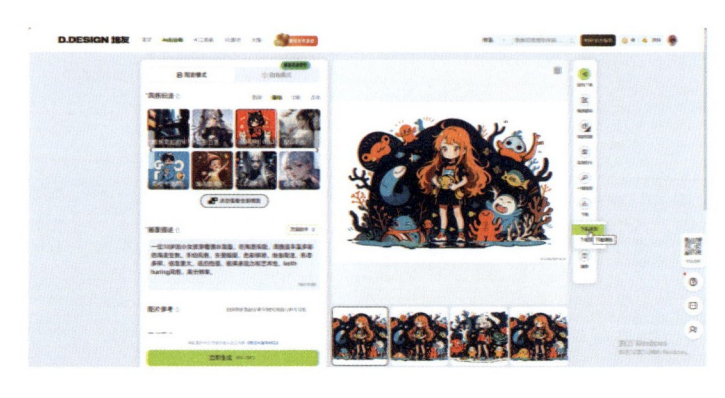

用自由模式得到幻想风格图像效果

自由模式的界面更加复杂，可以进行AI绘画的高级设置，对图像的控制更加精准，接下来，笔者将通过自由模式将真人图像变成幻想风格的图像。具体操作步骤如下。

（1）进入AI反应堆操作页面，单击上方菜单栏中右侧"简洁"选项，在下方"底模模型"中选择合适的Checkpoint模型，笔者选择了"麦橘幻想|majicMIX fantasy_V1.0"的模型，在"增益效果"中选择合适的LoRA模型，笔者选择了"人像幻想"的LoRA，模型，设置的参考建议为0.7，如右图所示。

（2）在"画面描述"文本框中，输入想要的内容，笔者输入了"一个女孩在花海中仰望天空，浪漫主义色彩画像，增加细节，高分辨率，卷发，连衣裙，侧脸，上半身"的提示词，如右图所示。

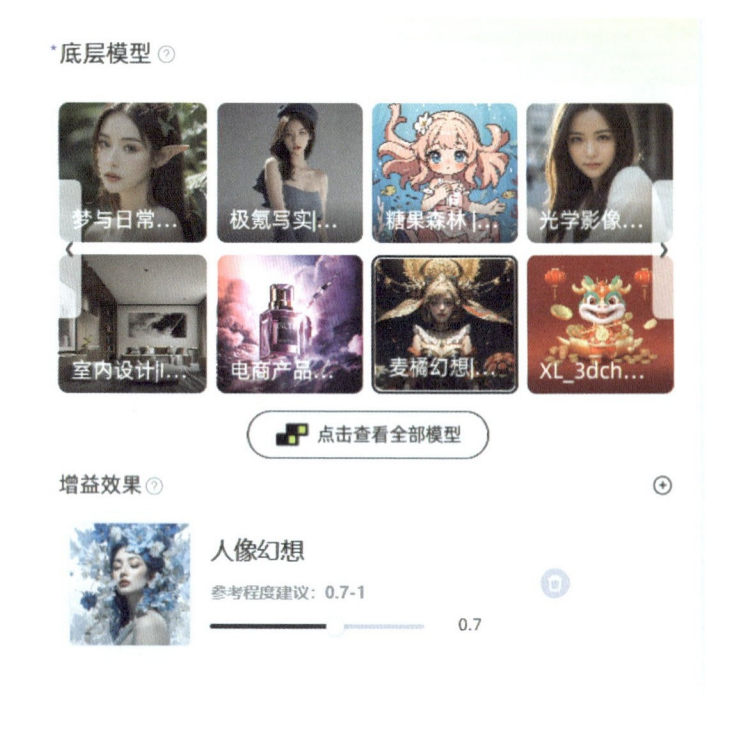

（3）在"图片参考"栏中上传相关参考图片，笔者上传的图片如下左图所示。选择参考图片玩法，笔者想要参考上传图片中的姿势，选择了"参考姿势"选项，选择参考程度为0.7，参考图片玩法如下右图所示。

（4）点击左下方"立即生成"按钮，即可生成效果图像，得到的图像如右图所示。

用鹿班营销图功能得到商品海报效果

"鹿班营销图"功能可以实现一键生成产品营销图,助力产品数字化营销,起到降本增效的作用。制作营销图的操作步骤如下。

(1)点击上方"AI工具箱"菜单,进入工具箱选择页面,如右图所示。

(2)选中"鹿班营销图"图标,点击"开始创作"按钮,进入营销图制作界面,如右图所示。

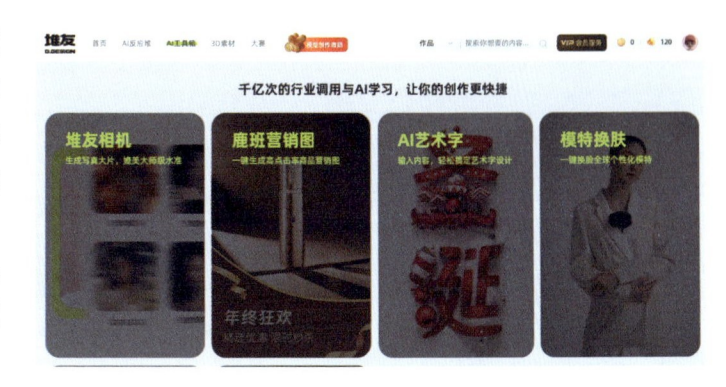

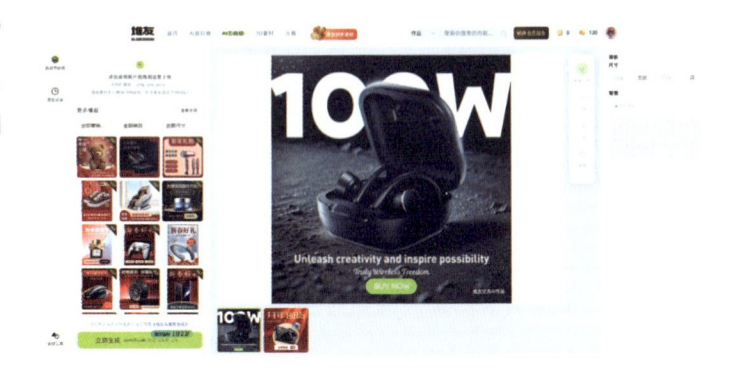

(3)在界面左上方上传图片,笔者上传的图像如下左图所示。

(4)在"更多模板"菜单栏中选择合适的模板,模板界面如下右图所示,笔者选择了界面中的第一个模板。

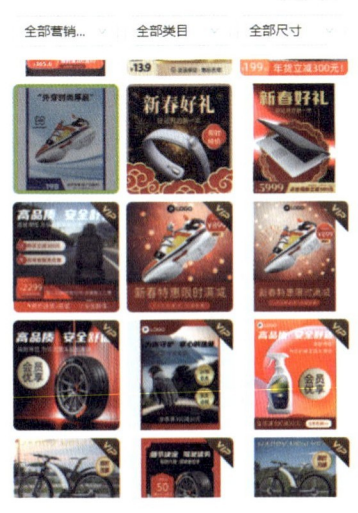

（5）在右侧文字编辑区，修改图中文字内容并调整文字的字体样式及大小，笔者的文字设置如右图所示。

（6）在图片编辑区，调整产品的大小，笔者调整后的产品大小和文字内容如下图所示。

（7）点击左下方"立即生成"按钮，即可生产产品的营销图，得到的效果图如下图所示。

用 AI 艺术字功能得到节气文字效果

AI 艺术字用来生成各种字样的文字效果，可以作为海报的文字素材使用，生成艺术字的具体操作步骤如下。

（1）点击上方"AI 工具箱"菜单，选中"AI 艺术字"图标，点击"开始创作"按钮，进入 AI 艺术字创作界面，如下图所示。

（2）根据需求选择"玩法"菜单中创意文字玩法形式，笔者选择了"创意文字"选项，如下左图所示。

（3）在"文字内容"文本框中输入需要创作的文字，笔者输入了"立冬"的文字，字体选择了"站酷快乐体"，如下右图所示。

（4）在"创意效果"中的"字形描述"文本框填入"霜叶，枫树，寒梅，雪山"描述词，在"纹理描述"文本框中填入"冰晶，霜花，暖炉，棉花糖，玻璃"描述词，如下左图所示。

（5）在"比例选择"中设置图像的具体比例，笔者设置的比例为1∶1，点击左下方"立即生成"按钮，即可生成效果图，得到的艺术文字，如下右图所示。

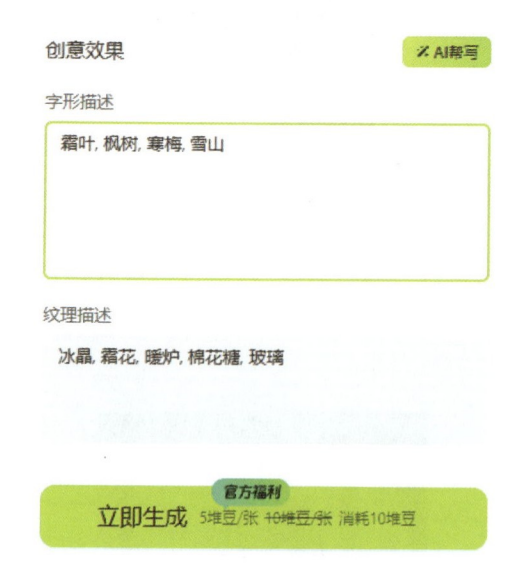

用模特换肤功能得到商品换模特效果

模特换肤可以实现对照片内的模特、模特发色、拍摄场景进行更换，里面有来自各个国家的模特，可以满足外贸电商的需求，提高工作效率。

（1）点击上方"AI工具箱"菜单，进入工具箱选择页面，选中"模特换肤"图标，点击"开始创作"按钮，进入模特换装界面，如下左图所示。

（2）在界面左上方上传模特图片，笔者上传的模特图像如下右图所示。

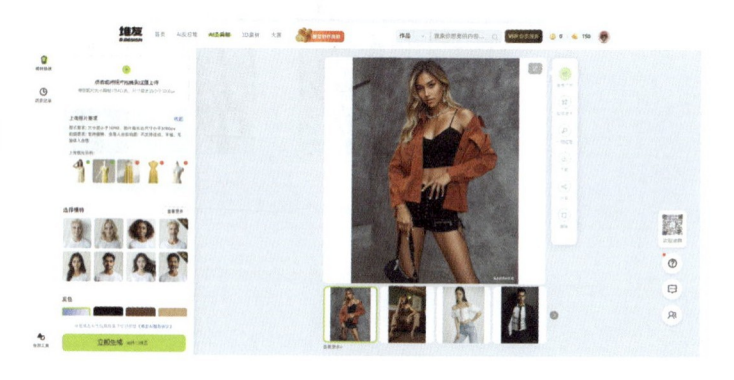

（3）点击下方"选择模特"菜单，选择相应的模特类型，如下左图所示。

（4）点击下方"发色"菜单栏，挑选合适的发色，如下右图所示。

（5）点击下方"场景"菜单栏，选择合适的场景，如下左图所示。

（6）设置好尺寸和图片数量，点击下方"立即生成"按钮，即可生成新的效果图，得到的图像如下右图所示。

用顽兔抠图功能得到一键抠除背景效果

顽兔抠图可以实现一键去除上传图片背景，主要适用于对于多张照片的一键抠图（最多20张），可以省去单个抠图的时间，提高创作效率。接下来，笔者将对图像进行抠图，具体操作步骤如下。

（1）点击上方"AI工具箱"菜单，进入工具箱选择页面，选中"顽兔抠图"图标，点击"开始创作"按钮，进入抠图操作界面，如下图所示。

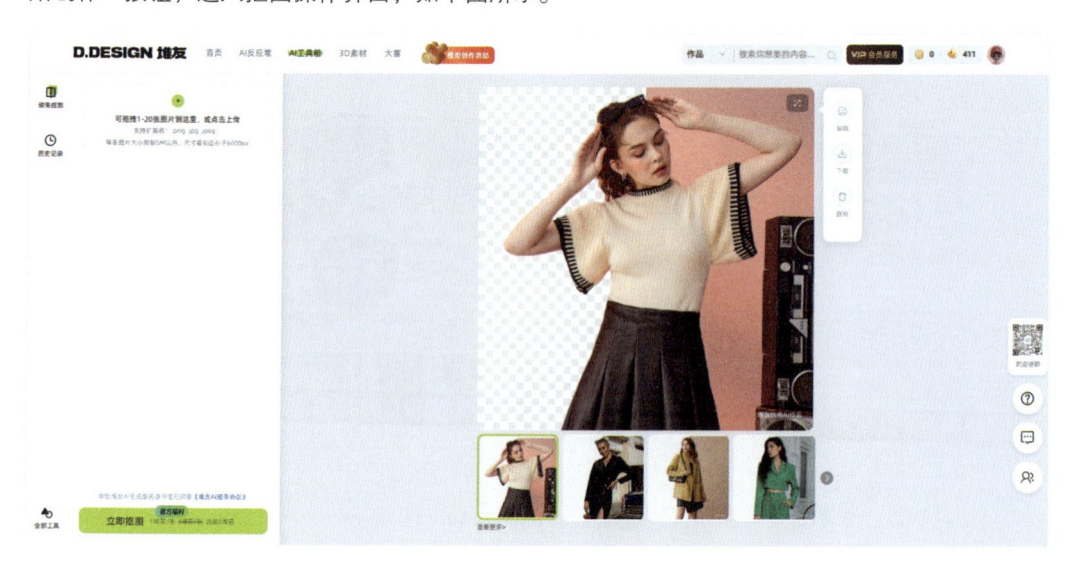

（2）点击上传需要处理的照片，笔者上传的图像如下左图所示。

（3）点击左下方"立即抠图"按钮，即可完成抠图，得到的效果如下右图所示。

用高清放大功能得到图像放大效果

高清放大可以实现将上传图像的像素大小、影像质量进行放大增强处理,接下来笔者将对一张图片进行逐步放大,操作步骤如下。

(1)点击上方"AI工具箱"菜单,进入工具箱选择页面,选中"高清放大"图标,点击"开始创作"按钮,进入高清放大界面,如下图所示。

(2)点击上传需要处理的照片,笔者上传的图像如下图所示。

（3）在"尺寸选择"选项框中选择合适的放大尺寸，笔者先选择了"4倍高清"，点击左下方的"立即放大"按钮，即可得到高清放大效果，放大后的效果如下右图所示。

（4）笔者再选择"9倍高清"，点击左下方的"立即放大"按钮，放大后的效果如下右图所示。

（5）笔者又选择了"16倍高清"，放大后的效果如下右图所示。相比之下，"16倍高清"细节感更强些，也更清晰些。

利用 AI 反应堆制作婚礼卡通立牌

借助于 AI 反应堆技术的自由创作模式,能够以较低的成本制作出符合婚礼需求的卡通立牌。具体操作步骤如下。

(1)点击"AI 反应堆"下的"自由模式"按钮,搜索底层模型,找到"思悦矢量插画贰号 Siyue vector illustration"模型,并添加使用,模型如下左图所示。

(2)在"增益效果"菜单中,点击"点击添加增益效果"按钮,搜索并添加"圆珠笔插画 Ballpoint pen illustration"模型,并设置"参考程度"为 0.8,如下右图所示。

(3)在"画面描述"和"负面描述"文本框中,输入相关提示词,笔者输入的正面描述如下左图所示,输入的负面描述如下右图所示。

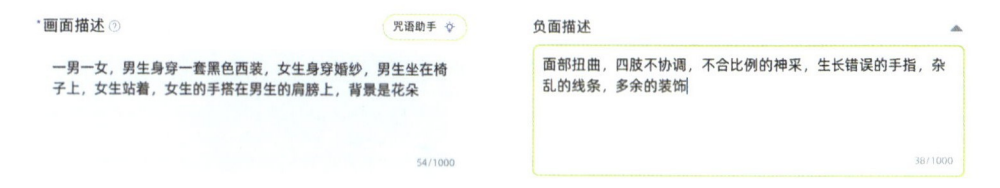

(4)在"图片参考"菜单中,点击"上传参考图"图标,上传婚纱照,在"图面玩法"菜单中选择"参考原图"玩法,并设置"参考强度"为 0.5,如下左图所示。

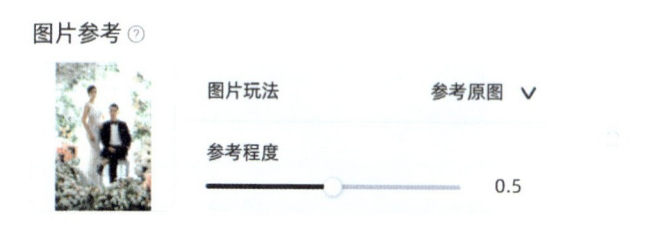

(5)点击下方"立即生成"按钮,即可生成婚礼卡通立牌效果图,最终生成的图像如右图所示。